国家级高技能人才培训基地推荐教材

CO_2 气体保护焊实训操作

主　编　唐敏蓉

主　审　朱建华

 哈尔滨工程大学出版社

内容简介

本书共分八章,主要内容包括 CO_2 气体保护焊的设备及工具、焊接材料、工艺基础、质量管理与控制、板焊操作技术、管焊与管板组合焊操作技术、氩弧焊与埋弧焊、劳动保护及安全检查等内容。全书通俗易懂、实用性强、重点培养教学 CO_2 气体保护焊的操作技能并掌握必需的相关知识。

本书可作为职业教育焊接专业教材或培训用书,也可供相关技术人员参考。

图书在版编目(CIP)数据

CO_2 气体保护焊实训操作/唐敏蓉主编. —哈尔滨:哈尔滨工程大学出版社,2014.10
ISBN 978 - 7 - 5661 - 0933 - 0

Ⅰ.①C… Ⅱ.①唐… Ⅲ.①二氧化碳 - 气体保护焊 Ⅳ.①TG444

中国版本图书馆 CIP 数据核字(2014)第 246041 号

出版发行	哈尔滨工程大学出版社	
社　　址	哈尔滨市南岗区东大直街 124 号	
邮政编码	150001	
发行电话	0451 - 82519328	
传　　真	0451 - 82519699	
经　　销	新华书店	
印　　刷	黑龙江省教育厅印刷厂	
开　　本	787mm×1 092mm　1/16	
印　　张	10	
字　　数	264 千字	
版　　次	2014 年 10 月第 1 版	
印　　次	2014 年 10 月第 1 次印刷	
定　　价	22.00 元	

http://www.hrbeupress.com
E-mail:heupress@ hrbeu.edu.cn

"国家级高技能人才培训基地"
配套教材编审委员会

序

    高技能人才是企业人才队伍的重要组成部分，是建设海洋装备产业大军的优秀代表，是推动技术创新和科技成果转化的核心骨干。高技能人才培养工作一直是公司人才培养工作的重中之重。在我国首批启动建设"国家级高技能人才培训基地"评比中，沪东中华作为船舶行业唯一一家企业获此殊荣。在"国家级高技能人才培训基地"项目建设过程中，我们发现现有的技能人才培训教材重理论，轻实操，内容陈旧，缺少新技术、新工艺的讲解，已经不能满足企业产品升级的需求，公司迫切需要一套能够适应现代造船模式的技能人才培训教材。

    本次出版的教材是沪东中华"国家级高技能人才培训基地"的配套教材，也是公司高级技能人才培养体系中的重要组成部分。为此，公司专门成立了教材编审委员会，组织了各领域的专家，结合生产实际情况和行业发展新趋势编写成书，内容涵盖了船舶电焊、船体装配、船舶电工三个专业，今后还将逐步完善其他工种的培训教材。本套教材注重操作和工艺知识的讲解，填补了国内同类技能人才培训教材的空白，主要作为企业相关工种培训的指导用书，也可供高职高专、技工学校等职前教育选用。

    教材编写过程中得到了公司生产、技术部门领导和专家的大力支持，谨在此表示感谢！希望沪东中华各领域的精英积极将自己知识和经验的"金矿""富矿"不断地转化为理论成果，公司也将为大家学习交流打造一个开放的平台。

    由于时间比较仓促，教材难免有一些不完善之处，敬请各位读者不吝指正，使本套教材日臻完善。

沪东中华造船（集团）有限公司 副总经理

2014 年 3 月 11 日

前　言

　　本教材是为满足船舶制造与修理专业一体化教学改革的需要,根据本专业"CO_2气体保护焊"课程教学标准而编写。本书把专业知识和技能实训密切结合起来,力求做到专业知识够用、实用,技能实训由浅入深,循序渐进,加强基本技能与核心技能的训练,并尽可能地引入船舶焊接生产中的新技术、新工艺和新方法,提高学生对焊接生产发展的认识。

　　在内容编排上,本书遵从技工学校学生的基础能力,注重理论联系实际,突出对学生操作技能的培养,强调师生互动,学生自主学习,并通过大量的图例形式,来丰富教学手段。

　　本教材取材少而精,具有针对性、实践性,并列举了较多的焊接实例。本教材适用于焊接实训教学之用。

　　由于编写者水平有限,缺点和错误在所难免,敬请专家和教育工作者予以批评指正。

编　者

2014 年 2 月

目　　录

绪　　论

在现代工业生产中，金属是不可缺少的重要材料，船舶、压力容器、大型钢结构建筑以及火车、汽车、航天器等，都离不开金属材料。这些工业产品在制造过程中，需要把各种各样加工好的零件按设计要求连接起来。焊接就是将这些零件连接起来的一种加工方法。

一、焊接的实质和分类

1. 焊接的实质

为了达到金属连接的目的，必须从外部给连接的金属以很大的能量，使金属接触表面达到原子间结合。焊接就是对焊件通过加热或加压，或者同时加热加压，并且采用或者不采用填充材料，使焊件之间达到结合的一种加工方法。这样两个焊件不仅在宏观上建立了永久性连接，而且在微观上形成了原子间的距离而结合成一体。

2. 焊接的分类

按照焊接过程中金属所处的状态不同，可以把焊接方法分为熔焊、压焊和钎焊三大类。

（1）熔焊　熔焊是在焊接过程中，将焊件接头加热至熔化状态，不加压力完成焊接的方法。在加热的条件下，增强了金属的原子动能，促进原子间的相互扩散，当被焊金属加热到熔化状态形成液态熔池时，原子之间可以充分扩散和紧密接触，因此冷却凝固后就可形成牢固的焊接接头。熔焊是金属焊接中最主要的一种方法，常见有焊条电弧焊、气体保护焊、埋弧焊、气焊、电渣焊等。

（2）压焊　压焊是在焊接过程中必须对焊件施加压力（加热或不加热），以形成焊接接头的方法。这类连接有两种方法：

一是将两块金属的接触部分加热到塑性状态或者金属表面局部熔化状态，然后施加一定压力。这就增加了两块金属件表面的接触面积，促使金属的氧化层破坏或被挤出，使金属表面晶格变形而产生再结晶，最终形成牢固的焊接接头。这种压焊方法主要有锻焊、接触焊、摩擦焊等。

二是不进行加热，仅在被焊金属的接触面上施加足够的压力，借助压力所引起的塑性变形，使原子间相互接近而获得牢固的接头。这种压焊方法主要有冷压焊、爆炸焊等。

（3）钎焊　钎焊是采用比母材熔点低的钎料，在低于母材熔点、高于钎料熔点的温度下，借助于钎料润湿母材的作用以填满母材的间隙并与母材相互扩散，最后冷却凝固形成牢固接头的方法。常见的钎焊方法有烙铁钎焊、火焰钎焊等。

二、气体保护焊的分类及特点

气体保护焊是用外加气体作为电弧介质，并保护电弧和焊接区的电弧焊。它是直接依靠从喷嘴中送出的气流，在电弧周围造成局部的气体保护层，使电极端部、熔滴和熔池与空气机械地隔离开来，从而保证了焊接过程的稳定性，并获得高质量的焊接接头。

气体保护焊的方法按保护气体种类分为：CO_2 气体保护焊、氩弧焊、氦弧焊、氢原子焊、及混合气体保护电弧焊等。按电极形式分为：不熔化电极（如钨极氩弧焊）和熔化电极（如

CO₂ 气体保护焊)的气体保护焊。按操作方法分为:手工、半自动和自动气体保护焊。

气体保护焊与其他焊接方法比较,其特点如下:

1. 采用明弧焊接,一般不必用焊剂,故熔池可见度好,操作方便。同时保护气体是喷射状态,适宜进行全位置焊接,有利于焊接过程的机械化和自动化。

2. 焊接变形小。由于电弧在保护气流的压缩下热量集中,焊接熔池和热影响区较小,因此工件变形小,尤其适用于薄板焊接。

3. 采用氩、氦等惰性气体焊接化学性质活泼的金属和合金时,具有很高的焊接质量。

4. 不宜在有风的地方焊接,室外作业时需有必要的防风措施,此外焊接电弧光的辐射较强,焊接设备比较复杂。

三、本课程讲授的主要内容

本教材是船舶制造与修理专业学习的主要实践课程教材之一。依据中等职业学校船舶制造与修理专业的培养目标和学生的知识水平,教材的编写内容包含了焊接的基础知识,CO₂ 气体保护焊的基本理论(焊接特性、焊接电源、焊接材料等)、焊接缺陷、焊接生产的安全与劳动保护,以及 CO₂ 气体保护焊半自动焊的操作技能。本教材从焊接基本理论入手,强化操作技能介绍,较全面而系统地把理论和技能操作相结合,是船舶焊接专业学生实训适用教材,亦可作为船厂焊工的技术培训教材和非船舶类技工学校电焊专业学生实训的参考用书。

四、本课程的学习目的和教学方法

本教材是根据船舶制造与修理专业"CO₂ 气体保护焊"课程教学标准编写,通过本课程的学习,使学生达到以下目的和要求:

1. 了解电弧焊接的基础知识;

2. 掌握 CO₂ 气体保护焊的基本工艺理论;

3. 掌握常用 CO₂ 气体保护焊设备的使用方法;

4. 掌握 CO₂ 气体保护焊常用焊接材料的选择和使用方法;

5. 初步掌握 CO₂ 气体保护焊的基本操作技能;

6. 了解 CO₂ 气体保护焊的缺陷产生原因和防止方法;

7. 掌握焊接生产过程中的安全与劳动保护方面的基本知识。

"CO₂ 气体保护焊实训"是一门实践性较强的专业课程,在学习本教材时要注意理论联系实际,善于运用专业知识去认识和分析实习中的实际问题。学习本课程前,应使学生对船舶制造与修理专业的特点以及船舶生产的过程有一定程度的感性认识,通过专业介绍和组织学生进行现场教学和参观,加深对理论与实际关系的正确认识,培养学生分析问题和解决问题的能力。

第一章　焊接电弧

本章主要从理论上对焊接电弧的性质及作用进行简要分析,使我们弄清电弧的实质,掌握电弧的基础知识,并把焊接电弧的知识应用到电弧焊焊接工作中去,提高在实践中分析问题、解决问题的能力,从而达到提高焊接质量的目的。

第一节　焊接电弧的建立

有焊接电源供给的,具有一定电压的两电极间或电极和焊件间,在气体介质中产生的强烈而持久的放电现象,称为焊接电弧。如图 1-1所示,焊接电弧是一种特殊的气体放电现象,它与我们日常所见的气体放电现象(如闪电、拉合电源闸时产生的火花)的区别在于:焊接电弧能连续持久地产生强烈的光和大量的热能。电弧焊就是依靠焊接电弧把电能转变为焊接所需的热能来熔化金属,从而达到连接金属的目的。

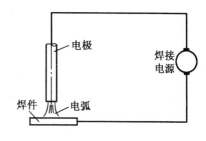

图 1-1　电弧示意图

一、焊接电弧产生的条件

一般情况下,气体是不导电的,电流不能通过,电弧也不能自发地产生。要引燃电弧并使它持续燃烧,就必须使两电极间的气体变成能够导电,这是电弧产生和维持燃烧的重要条件。

使气体能够导电的方法是把气体电离。气体电离后,原来不导电的气体中性粒子(分子或原子)转变成电子、正离子、负离子等带电粒子,并在电场作用下,分别向阳极和阴极移动,带电粒子的定向移动形成了电流,从而产生电弧。

1. 气体电离

气体电离就是在一定条件下,使中性的气体分子或原子分离成正离子和电子的现象。一般使电弧空间的气体介质电离有以下几种形式:

(1)光电离　气体的中性粒子在光辐射作用下产生的电离。

(2)热电离　气体的中性粒子受热作用而产生的电离。

(3)碰撞电离　气体的中性粒子受到高速运动的电子撞击时所产生的电离。

在焊接电弧中,这几种电离形式均存在。但是由于电弧中心的温度非常高,电弧中气体原子的运动速度非常快,从而使原子变成正离子和电子,因此热电离是电弧中产生带电粒子的最主要途径,是气体电离的主要形式。

如电弧长度不变,两电极间的电弧电压越高,则在两电极间电场作用下,带电粒子的运动速度就越快,产生碰撞电离的作用就越强烈。碰撞电离在电弧的近电极区起着重要作用。

2. 阴极电子发射

阴极的金属表面连续向外发射电子的现象称为阴极电子发射。焊接时,气体电离是产生电弧的重要条件。如果只有气体电离而没有两极电压,或者阴极不能发射电子,没有电子通过,那么电弧还是不能形成。因此阴极电子发射与气体电离一样,都是产生电弧和维持电弧燃烧的重要条件。

正常情况下,电子是不能自由离开金属表面向外发射的,要使电子跳出电极金属表面而产生电子发射,就必须给电子一定能量,使它克服电极金属内部正电荷对电子的吸引力,促使阴极产生电子发射作用,所加能量越大,则电子发射越强烈。由于金属内部正电荷的吸引力是不一样的,所以如果所加能量相同,金属内部正电荷的吸引力越小,则阴极电子发射程度就越大。

电子逸出功　电子从阴极表面逸出所需要的能量称为逸出功。单位称作电子伏特(eV)。

逸出功代表着电极材料发射电子的难易程度,它的大小与金属材料的种类性质、金属表面状态等因素有关。若金属材料发射电子的能量越弱,则逸出功越大;相反逸出功越小的金属,其发射电子的能量越强。各种金属的逸出功见表 1-1。

表 1-1　各种金属的逸出功

元素	逸出功/eV	元素	逸出功/eV
钨(W)	4.54(2.63)	钠(Na)	2.33(1.8)
铁(Fe)	4.48(3.92)	锰(Mn)	3.76
铝(Al)	4.25(3.95)	镍(Ni)	4.57(3.68)
铜(Cu)	4.36(3.85)	钛(Ti)	3.95
钾(K)	2.02(0.46)	钼(Mo)	4.33(3.22)
钙(Ca)	2.96(1.8)	碳(C)	4.45(4.2)
镁(Mg)	3.74(3.31)	铯(Cs)	1.81

注释:括号内的数字为阴极表面具有氧化物或吸附薄膜时的逸出功。

从表中可以看出,若金属表面具有氧化物或吸附薄膜时,其逸出功减小。如在钨极中加入钍或铈等氧化物时,其发射电子的能力明显提高,从而能提高引弧性能。在焊条药皮中加入含有较多钾、钠、钙等化合物,也有利于阴极电子发射,从而提高电弧燃烧的稳定性。

焊接时,根据阴极所吸收的能量不同,所产生的电子发射作用包括热电子发射、电场电子发射、撞击电子发射等三种形式。阴极发射电子后,可不断从焊接电源获得补充的电子,使焊接过程持续进行。

(1)热电子发射　阴极金属表面受热作用而产生的电子发射现象。电极表面温度越高,则阴极产生的热电子发射作用就越强烈。

(2)电场电子发射　阴极金属表面受强电场作用而发射电子的现象。两电极间的电压越高,电场电子发射作用就大。

(3)撞击电子发射　高速运动的正离子撞击阴极金属表面使阴极表面发射电子的现象。

如果电场强度增大,正离子由于阴极的吸引,加快其运动速度,所产生的撞击电子发射作用就越强烈。

实际上,在焊接时,这几种电子发射和气体电离一样常常是同时存在,相互促进。焊接电弧就是在这些能量的交替作用下产生并持续不断地燃烧起来。

二、焊接电弧的引燃方法

焊接电弧的引燃一般有两种方法,即接触引弧和非接触引弧。

1. 接触引弧

接触引弧是在弧焊电源接通后,电极(焊条或焊丝)与焊件直接接触,随后拉开3～4 mm而引燃电弧的方法。

由于电极和焊件表面短路接触时的短路电流比正常焊接电流要大得多,而接触面又小,因此电流密度极大,结果产生了大量的电阻热,使金属电极表面发热、熔化,甚至汽化,引发热电子发射和热电离。随后在拉开电极的瞬间,由于电弧间隙很小,使其电场强度达到很大数值,气体强烈电离及阴极电子发射,从而引燃电弧。

在电弧焊时,弧焊电源的电压恢复时间越短越好,一般不超过0.05 s。如果电压恢复时间太长,则电弧就不容易引燃,且容易造成焊接电弧不稳定。

接触引弧方式主要应用于焊条电弧焊、熔化极气体保护焊(CO_2气体保护焊)、埋弧焊等焊接方法。

2. 非接触引弧

是指在电极与焊件之间留有一定的间隙,然后施以高电压,击穿间隙而引燃电弧的方法。这种电弧引燃的方法需要依靠引弧器才能实现,一般采用高频和高压脉冲来引弧。

非接触引弧方式主要应用于钨极氩弧焊、等离子弧焊等焊接方法。

第二节　焊接电弧的构造及其静特性

一、焊接电弧的构造

1. 焊接电弧的构造及电弧电压

(1)焊接电弧的区域划分和温度　焊接电弧沿其长度方向分为3个区域,分别为阴极区、阳极区、弧柱区三个部分。如图1－2所示。

①阴极区　电弧紧靠电源负极端的区域称为阴极区。在阴极区表面有一个明亮的斑点称为阴极斑点。它是阴极表面上电子发射的发源地,是阴极温度最高的地方。阴极区的温度一般达到2 400～3 500 ℃,放出的热量占焊接电弧总热量的36%左右。阴极温度的高低主要取决于阴极的电极材料。

②阳极区　电弧紧靠电源正极端的区域称为阳极区。在阳极区表面也有一个明亮的斑点称为阳极斑点。阳极不发射电子,它是电弧放电时,正电极表面上集中接受电子发射的区域,因

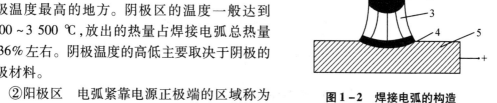

图1－2　焊接电弧的构造

1—焊条;2—阴极区;3—弧柱;4—阳极区;5—焊件

此它的能量消耗较少,阳极区的温度一般达到 2 600 ~ 4 200 ℃,放出的热量占焊接电弧总热量的43% 左右。当阳极材料与阴极材料相同时,阳极区的温度要高于阴极区,但是不同的焊接工艺方法使电弧的阴极和阳极所得到的热量也不相同,各种焊接工艺方法的阴极和阳极温度比较见表1 -2。

表1 -2　各种焊接工艺方法的阴极和阳极温度比较

焊接工艺方法	一般焊条电弧焊	钨极氩弧焊	熔化极氩弧焊	CO$_2$ 气体保护焊	埋弧自动焊
温度比较	阳极温度 > 阴极温度		阴极温度 < 阳极温度		

注意:以上是直流电弧的热量和温度分布情况,交流电弧由于电源极性是周期性发生变化,所以两个电极区温度趋于一致(约为它们的平均值)。

③弧柱区　电弧阴极区和阳极区之间的部分称为弧柱区。它主要是电子和正离子的混合物。由于阴极区和阳极区都很窄,因此弧柱区基本上等于电弧长度。弧柱中心温度最高,可达 6 000 ~ 8 000 ℃,放出的热量占焊接电弧总热量的 21% 左右。但是弧柱周围的温度要低得多,而且弧柱的温度与弧柱气体介质和焊接电流大小等因素有关:焊接电流越大,弧柱中的电离程度越高,则弧柱温度就越高。

(2)电弧电压

电弧两端(两电极)之间的电压降称为电弧电压。通常是有阴极电压降 U_y;阳极电压降 U_{yz};弧柱电压降 U_z 组成了总的电弧电压 U_h,表达式如下:

$$U_h = U_y + U_{yz} + U_z$$

由于阳极电压降基本不变(可视为常数),而阴极电压降在一定条件下(包含焊接电流、电极材料和气体介质等),基本上也是固定的数值,则弧柱电压降在一定气体介质下与弧柱长度成正比。因此弧长不同,电弧电压也不同,而弧长越长,则电弧电压就越大。

二、焊接电弧的静特性

在电极材料、气体介质和弧长一定的情况下,电弧稳定燃烧时,焊接电流与电弧电压变化的关系称为焊接电弧的静特性,或称伏安特性。表示它们关系的曲线叫焊接电弧的静特性曲线,如图1 -3 所示。

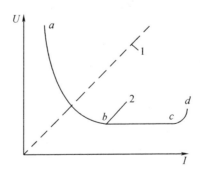

图1 -3　普通电阻静特性与电弧静特性曲线

1—普通电阻静特性;2—电弧静特性

1.焊接电弧的静特性曲线

电弧静特性曲线分为三个不同的区域,当焊接电流较小时,电弧静特性属下降特性区,即随着焊接电流增加电压减小。当焊接电流稍大时,电弧静特性属平特性区,即随着焊接电流变化电压几乎不变。当焊接电流较大时,电弧静特性属上升特性区,即随着焊接电流增加电压升高。

2.电弧静特性曲线的应用

各种不同的电弧焊方法,它们的电弧静特性曲线是不同的。电弧静特性的下降特性区由于电弧燃烧不稳定而很少采用。

(1)焊条电弧焊　在引弧阶段为下降特性区,即电压随电流增大迅速降低。电弧引燃的瞬间电弧正常燃烧时采用平特性区,即电弧电压只随弧长而变化,与焊接电流关系很小。

(2)埋弧自动焊　在常规电流密度下焊接时,其静特性为平特性区;在采用大电流密度焊接时,其静特性为上升特性区。

(3)钨极氩弧焊一般工作在平特性区。在采用大电流焊接时,其静特性为上升特性区。

熔化极氩弧焊、熔化极活性气体保护焊(如 CO_2 气体保护焊)由于电流密度较大,其静特性为上升特性区。

3.影响电弧静特性的因素

影响电弧静特性的因素主要包括电弧长度、气体种类、气体压力。

(1)电弧长度的影响　电弧静特性曲线与电弧长度密切相关,当电弧长度增加时,电弧电压升高,电弧静特性曲线的位置也随之上升;反之电弧静特性曲线的位置下移。

(2)气体种类的影响　电弧燃烧后,在电弧周围聚集各种气体,由于这些气体的热物理性能不同,会对电弧电压产生显著的影响,从而促使电弧静特性曲线的位置发生改变。

(3)气体压力的影响　气体压力增大,使气体粒子的密度也增大,从电弧中带走的热量也增加。因此气体压力越大,对电弧的冷却作用增强,导致电弧电压相应升高,电弧静特性曲线的位置发生上移。

第三节　焊接电弧的稳定性

焊接电弧的稳定性是指焊接过程中能保持一定的电弧长度,不产生电弧的偏吹、摇摆、断弧等现象而维持电弧持续、稳定燃烧。电弧的稳定燃烧是保证焊接质量的一个重要因素。而造成电弧不稳定的原因除焊工操作技术不熟练外,通常和以下因素有关。

一、焊接电源的极性

采用直流电源焊接时,由于焊机有正、负两极,因此有两种不同的接法,这两种不同的接法对保证电弧稳定燃烧和焊接质量有重要影响。

所谓正接就是将焊件接到焊机的正极,焊条(丝)接到焊机的负极,称为直流正极(正接法),也称正极性。采用直流正接法,可以获得较大的熔深,但是由于熔滴在向熔池过渡过程中,受到从熔池方向射来的正离子流的撞击,使熔滴过渡阻力增大,造成较多飞溅和电弧不稳定现象。

反接就是将焊件接到焊机的负极,焊条(丝)接到焊机的正极,称为直流负极(反接法),也称负极性。采用直流反接法焊接,可以减少飞溅和气孔,有利于提高焊接电弧的稳定性。

如图 1-4 所示。

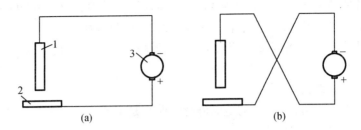

图 1-4 直流电焊机焊接时的电极不同接法示意图

(a)正极性;(b)负极性
1—电极;2—焊件;3—直流电焊机

二、焊接电流的种类

采用直流电源焊接时,电弧燃烧比交流电源稳定。因为交流电源促使电弧的极性呈周期性变化(50 周/秒),每秒钟电弧的燃烧和熄灭要重复 100 次,所以采用交流电源焊接时的电弧稳定性没有直流电源电弧稳定。

三、焊接电源的空载电压

采用较高空载电压的焊接电源,电场作用强,电子发射激烈,不仅引弧容易,而且电弧燃烧稳定。但是过高的空载电压不利于安全,所以在保证引弧和电弧能稳定燃烧的情况下,应选用合适的空载电压。

四、焊接电流

焊接电流增大,电弧温度就增高,则电弧气氛中的电离程度增高,热电子发射作用就增强,电弧燃烧越稳定。但过高的焊接电流会引起过多的飞溅,这会影响焊接电弧的稳定性,所以焊接电流选用要适当。

五、焊条药皮、焊剂及焊丝药芯

在焊条药皮、焊剂及焊丝药芯中加入电离电位较低的物质,如钾(K),钠(Na),钙(Ca)等元素的氧化物,能增加电弧气氛中的带电粒子,提高气体的导电性,从而提高电弧的稳定性。

六、焊接电弧的磁偏吹

在正常情况下焊接时,焊接电弧的轴线基本上与焊接电极的轴线在同一中心线上。如在焊接过程中,发生电弧左右或前后摆动,相互间不在同一中心线上,这样焊接电弧就产生了偏吹。

所谓的磁偏吹就是在采用直流电源焊接时,电弧周围磁场强度分布不均匀而造成电弧向磁场强度较弱一侧偏吹的现象。

1. 造成电弧产生磁偏吹的因素

(1)导线接线位置引起的磁偏吹 焊接时由于连接焊件的接地线与焊接电弧离得较远,造成电弧周围的磁场分布不均匀而发生磁偏吹。

(2)铁磁物质引起的磁偏吹(钢板、铁块等) 电弧一侧放置钢板,使较多的磁力线集中到钢板上,引起磁力线密度分布不均匀,电弧偏向钢板一侧,造成电弧的磁偏吹。如图 1-5 所示。

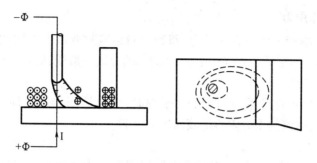

图 1-5　铁磁物质引起的磁偏吹示意图

(3)电弧运动至焊件端部引起的磁偏吹　当焊接电弧移动到钢板的端部时,由于钢板边缘外侧一方的磁力线密度增加,钢板边缘内侧一方的磁力线密度减小,产生空间磁力线分布不均匀,产生了指向钢板的端部内侧的磁偏吹,如图 1-6 所示。

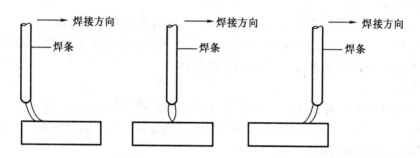

图 1-6　电弧运动至焊件端部引起的磁偏吹示意图

2.电弧磁偏吹的防止方法

(1)适当改变接地线位置,使接地线位置尽可能靠近焊接电弧,减小磁力线分布不均匀性,从而减少磁偏吹。

(2)在焊件接缝两端各加一块钢板(引弧、引出板),使两边导磁面积相等,磁力线分布一致,并能减少热对流影响。

(3)焊条向磁偏吹的相反方向倾斜,使磁力线密度趋于平衡,减少磁偏吹。

(4)短弧焊接能减少磁力线的有效截面,使磁力线分布不均匀程度降低到最小,减小磁偏吹影响。

(5)在条件许可的情况下,尽量选用交流电源焊接。

(6)在保证质量的情况下,尽量选用较小电流焊接,减小磁偏吹影响程度。

第四节　电弧焊的熔滴过渡

电弧焊时,在焊条(或焊丝)端部形成的向熔池过渡的液态金属叫熔滴。熔滴通过电弧空间向熔池转移的过程叫熔滴过渡。

熔滴过渡是一个相当复杂的过程,它对焊接过程的稳定性、焊缝成形、焊接接头的质量有很大的影响。因此了解熔滴过渡对于学习熔化极焊接工艺和焊接方法是很重要的。

一、熔滴上的作用力

熔滴过渡时在熔滴上作用着多种力,每种力对熔滴过渡起着不同的影响,并且直接影响到熔滴的大小和过渡形式。焊条(或焊丝)端部的金属一般受到以下几种力的作用。

1. 重力

任何物体都会受到自身重力的影响。平焊时,金属熔滴的重力促进了熔滴过渡的作用。立焊及仰焊时,熔滴的重力阻碍熔滴向熔池过渡。

2. 表面张力

焊条(或焊丝)金属熔化后,在表面张力的作用下形成球滴状。它悬挂在焊丝末端,只有当其他力超过表面张力时,熔滴才过渡到熔池中去,因此平焊时表面张力阻碍了熔滴过渡。在仰焊等其他位置焊接时,表面张力却有利于熔滴过渡,其原因有两个,其一,是熔池金属不宜滴落;其二,当焊丝末端熔滴与熔池接触时,由于表面张力作用,而将熔滴拉入熔池。

3. 电磁压缩力

焊接时,在熔滴上受到四周向中心的电磁力。在熔滴在向熔池过渡的过程中,电流密度最大的地方是在熔滴的缩颈部分。因此熔滴的缩颈部分受到了最大的电磁压缩力。在任何焊接位置,电磁压缩力都能使熔滴顺利地过渡到熔池。

4. 斑点压力

电弧中的电子和正离子,在电场的作用下向两极运动,撞击在两极的斑点上而产生的机械压力称为斑点压力。斑点压力的作用是阻碍熔滴过渡。由于阴极斑点压力比阳极大,所以在正接极时的熔滴过渡比反接极困难。

5. 电弧气体的吹力

在焊条电弧焊时,焊条药皮的熔化稍微落后于焊芯的熔化,在药皮的末端形成一小段未熔化的"喇叭"形套管,套管内有大量气体。这些气体在加热到高温时,体积急剧膨胀,并顺着套管方向,以直线而稳定的气流冲出,把熔滴吹送到熔池中去。不论焊缝空间位置如何,这种气流都将有利于熔滴的过渡。

二、熔滴过渡的形式

对于普通熔化极电弧焊来说,金属熔滴过渡的形式大致有粗滴过渡、短路过渡和喷射过渡三种类型。

1. 粗滴过渡

粗滴过渡是熔滴呈粗大颗粒向熔池自由过渡的形式,过渡频率较低,会影响电弧的稳定性,使飞溅增大,因此焊缝成形不好。

2. 短路过渡

短路过渡是焊条(或焊丝)端部的熔滴与熔池短路接触,由于强烈过热和电磁收缩的作用引起爆断,而直接向熔池过渡的形式。其短路频率较高,最高每秒可达几百次。细丝 CO₂ 气体保护焊的熔滴过渡属于这种形式。短路过渡在小电流、低电弧电压焊接时,能有稳定的金属熔滴过渡和焊接过程。所以短路过渡适合于薄板和全位置焊接。

3. 喷射过渡

喷射过渡是熔滴呈细小颗粒，并以喷射状态快速通过电弧空间向熔池过渡的形式。当电流增大时，熔滴尺寸逐渐减小，当电流增大到某一临界值时，焊丝端部呈铅笔尖状，熔滴如水流一般从其端部直泻而出。熔滴从粗滴过渡到喷射过渡时的电流称为临界电流。喷射过渡的熔滴过渡频率很高。一般在富氩状态下的熔化极气体保护焊、细丝大电流埋弧焊等的熔滴过渡，属于这种形式。如图 1-7 所示。

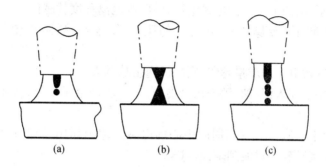

（a）　　　　　　　　（b）　　　　　　　　（c）

图 1-7　熔滴过渡的形式示意图
（a）粗滴过渡；（b）短路过渡；（c）喷射过渡

习　　题

一、判断题

1. 产生电弧偏吹的最常见原因是在采用直流电焊接时，因弧柱周围磁力线分布不均匀而导致电弧向一侧偏吹的现象。（　　）

2. 要使电弧引燃和连续引燃，就必须使两极间的气体变成电的导体。（　　）

3. 只要阴极电子不断地发射，就能产生和维持电弧稳定燃烧。（　　）

4. 使中性的氧气分子或原子释放电子形成正离子的过程，称为热离子。（　　）

5. CO_2 气体保护焊时，阴极是电子发射的发源地，它的阴极温度最高时可达 6 000 ~ 8 000 ℃，放出的热量占焊接电弧总热量的 36% 左右。（　　）

6. 钨极氩弧焊时，其电弧静特性曲线一般采用平特性区。（　　）

7. 电场强度越大，在电场的作用下，正离子的运动速度也越快，则电子发射作用也越强烈。（　　）

8. 金属的熔焊就是将焊件接头加热至熔化状态，并加一定压力完成焊接的方法。（　　）

9. CO_2 气体保护焊因阴极电子发射能量大，所以其阴极温度大于阳极温度。（　　）

10. 在电弧焊时，对弧焊电源的电压恢复时间要求越短越好。（　　）

11. 所谓反接极就是将焊件接电源负极，焊条接电源正极的方法。（　　）

12. 在平位焊接中，由于熔滴的表面张力作用，能促进熔滴顺利过渡到熔池中去。（　　）

13. 采用较高空载电压的焊接电源，电场作用强，电子发射激烈，不仅引弧容易，而且电

弧燃烧稳定。因此为保证焊接质量,焊接时我们应选用较高空载电压的焊接电源。(   )

14. 焊接电流增大,电弧温度就增高,则电弧气氛中的电离程度增高,热电子发射作用就增强,电弧燃烧越稳定。(   )

15. 焊接时,由于电弧气体的吹力的作用,容易导致熔池金属发生絮乱,因此它不利于熔滴的过渡。(   )

16. 熔焊是将焊件接头加热至熔化状态,并施加一定压力完成焊接的方法。(   )

17. 电弧长度不变,两电极间的电弧电压越高,则电离程度就越低。(   )

18. 在能量相同下,金属内部正电荷的吸引力越大,则阴极电子发射程度就越大。(   )

19. 金属材料发射电子的能量越弱,则阴极逸出功越大。(   )

20. 在焊条药皮中加入钾、钠、钙等化合物,有利于阴极电子发射,从而提高电弧燃烧的稳定性。(   )

21. 焊接时,由于熔滴上受到四周向中心的电磁压缩力作用,因此在任何焊接位置,电磁压缩力都能使熔滴顺利地过渡到熔池。(   )

22. 焊接时,由于连接焊件的接地线与焊接电弧离得较近,使电弧周围的磁场强度增大,造成熔池金属发生絮乱,而发生电弧偏吹。(   )

23. 在焊件接缝两段加装引弧、引出板,主要目的是防止磁偏吹。(   )

24. 短路过渡因其短路频率较高,最高每秒可达几百次,因此,金属熔滴过渡和焊接过程相当不稳定,一般的焊接方法都不采用。(   )

25. 电流增大到某一临界值时,焊丝端部的熔滴呈铅笔尖状,且熔滴如水流一般从其端部直泻而出。这种熔滴过渡就是喷射过渡。(   )

二、填空题

1. 焊接电弧可分为_____、_____和_____三个区域。其中温度最高的区域为_____。

2. _____和_____是电弧产生和维持的必要条件。

3. 金属熔滴向熔池过渡的形式大致可分为_____、_____和_____三种。

4. 电弧焊时,作用在熔滴上的作用力有_____、_____、_____、_____、_____。

5. 气体的电离就是使气体的_____转变为_____的过程。焊接时主要有_____、_____、和_____气体电离方式。

6. 根据焊接时阴极所吸收的能量的性质不同,所产生的电子发射过程包括:_____、_____、及_____等方式。

7. 影响焊接电弧静特性的因素包括:_____、_____和_____。

8. 熔滴过渡的形式主要有_____、_____、_____其中_____适合细丝 CO₂气体保护焊。

9. 适当改变_____位置,使接地线位置尽可能靠近_____,减小_____分布不均匀性,从而减小磁偏吹。

10. _____曲线与_____密切相关,当电弧长度增加时,_____升高,电弧静特性曲线的位置也随之上升。

11. 接触引弧方式主要应用于_____、_____、_____。

12. 采用直流反接法焊接,可以减少_____和_____,有利于提高焊接电弧的稳定性。

13. 焊接电弧的稳定性是指焊接过程中能保持一定的_____不产生_____、_____、_____等现象而维持电弧持续、稳定燃烧。

14. 在焊丝药芯中加入电离电位较低的物质如_____、_____、_____等元素的氧化物能增加电弧气氛中的_____,提高气体的_____,从而提高电弧的稳定性。

15. _____能减少磁力线的_____,使磁力线分布不均匀程度降低到最小,减小磁偏吹影响。

16. _____是金属焊接中最主要的一种方法,常见有_____、_____、_____、_____、_____等。

17. 影响电弧静特性的因素主要包括:_____、_____、_____,其中_____与电弧静特性关系最密切。

习题答案

一、判断题:

1.(√)2.(√)3.(×)4.(×)5.(×)6.(√)7.(√)8.(×)9.(×)10.(√)
11.(√)12.(√)13.(×)14.(√)15.(×)16.(×)17.(×)18.(×)19.(×)
20.(√)21.(√)22.(×)23.(√)24.(×)25.(√)

二、填空题:

1. 阴极区　阳极区　弧柱区　弧柱区

2. 气体电离　阴极电子发射

3. 粗滴过渡　短路过渡　喷射过渡

4. 重力　表面张力　电磁压缩力　斑点压力　电弧气体的吹力

5. 中性粒子　带电粒子　光电离　热电离　碰撞电离

6. 热电子发射　电场电子发射　撞击电子发射

7. 电弧长度　气体种类　气体压力

8. 粗滴过渡　短路过渡　喷射过渡　短路过渡

9. 接地线　焊接电弧　磁力线

10. 电弧静特性　电弧长度　电弧电压

11. 焊条电弧焊　熔化极气体保护焊　埋弧焊

12. 飞溅　气孔

13. 电弧长度　电弧的偏吹　摇摆　断弧

14. 钾　钠　钙　带电粒子　导电性

15. 短弧焊接　有效截面

16. 熔焊　焊条电弧焊　气体保护焊　埋弧焊　气焊　电渣焊

17. 电弧长度　气体种类　气体压力　电弧长度

第二章　金属熔焊过程

金属熔焊时,一般都要经历如下过程:加热—熔化—冶金反应—结晶—固态相变—形成接头。在这过程中,主要形成相互交错和相互联系的三个阶段:一是焊接材料和母材的快速加热和局部熔化;二是熔化金属、熔渣、气体之间进行的一系列化学冶金反应,如金属的氧化、还原、脱硫等;三是快速冷却下的金属的结晶和相变,此时容易产生偏析、夹杂、气孔及裂纹等缺陷。因此根据焊接材料及母材的加热熔化特点,控制焊接化学冶金过程、焊缝金属的结晶和相变过程是保证焊接质量的关键。

第一节　电弧焊的冶金特点

一、焊接热源

焊接对热源的要求是:能量高度集中,能实现快速焊接,以保证获得优质焊缝和最小的焊接热影响区。目前作为电弧焊的焊接热源主要有以下几种。

1. 电弧热

这种热源是利用气体介质放电过程产生的热,是应用最广泛的焊接热源,主要适用于焊条电弧焊、气体保护焊、埋弧焊等焊接方法。

2. 化学热

化学热是利用可燃气体及铝、镁等发热剂燃烧而产生的热量作为焊接热源,如气焊、铝热焊。

3. 电阻热

电阻热是利用电流通过导体时产生的电阻热作为焊接热源,主要适用于点焊、电渣焊等焊接方法。电弧焊时,焊条或焊丝本身的电阻热主要起辅助作用。当焊丝伸出长度越长,则通电时间增加,电阻热加大;焊接电流越大,电阻热也越大;焊条或焊丝本身电阻率大,电阻热也越大;同种材料的焊条或焊丝直径越大,则电阻越小,相对产生的电阻热也越小。因此在焊接生产时,应根据工艺要求选用合适的焊接电流和焊丝伸出长度。

二、电弧焊接的冶金特点

焊接时的冶金反应过程对焊缝金属的化学成分和力学性能产生重要影响。焊接冶金过程与熔池的下列特征有关。

1. 焊接熔池中液态金属的温度高,温度梯度大

焊接电弧的温度很高,一般可达 $6\,000 \sim 8\,000$ ℃,使金属强烈蒸发,电弧周围的二氧化碳(CO_2)、氮气(N_2)、氢气(H_2)等大量分解,分解后的气体原子或离子很容易溶解在液态金属中,随着温度降低,溶解度也降低,如果来不及析出,容易形成气孔。

熔池温差大,熔池的平均温度在 $2\,000$ ℃以上,并且被周围的冷却金属包围,温度梯度

大,因此,焊件易产生应力并引起变形,甚至产生裂纹。

2. 熔池体积小,熔池存在时间短

焊接熔池的体积极小,焊条电弧焊熔池的质量通常在 $0.6 \sim 16$ g 之间,埋弧焊熔池的质量一般不超过 100 g。同时加热及冷却速度很快,由局部金属开始熔化形成熔池,到结晶完成的全部过程一般只有几秒钟的时间,因此整个冶金反应不能充分进行,不利于焊接冶金反应达到平衡,容易形成偏析。

3. 熔池金属不断更新

焊接时随着焊接热源的移动,熔池中参加冶金反应的物质经常改变,不断有新的液态金属及熔渣加入到熔池中参加反应,增加了焊接冶金的复杂性,比一般的炼钢冶金过程要复杂和强烈得多。

4. 反应接触面大、搅拌激烈

焊接时,熔化金属是以滴状从焊条或焊丝端部过渡到熔池的,熔滴与气体及熔渣的接触面大,有利于冶金反应快速进行。同时也使气体侵入液体金属中的机会增多了,这样就会造成焊缝金属的氧化、氮化,容易在焊缝中形成气孔。此外熔池搅拌激烈有助于加快反应速度,也有助于熔池中气体的逸出。

第二节　有害元素对焊缝金属的作用

焊缝金属中的有害元素主要是氧、氢、氮、硫、磷。焊接区的气体主要有氧气、氮气、氢气、一氧化碳、二氧化碳和水蒸气,它们主要来自焊条、焊丝、焊剂等焊接材料以及电弧周围的空气及未清理干净的母材表面;焊缝中的硫、磷主要来自母材、焊条、焊丝、焊剂等。它们将严重影响焊缝质量,因此焊接中必须对氧、氢、氮、硫、磷进行控制。

一、氧对焊缝金属的作用

1. 氧的来源

焊接区的氧气主要来自空气中的氧以及电弧中的氧化性气体(如 CO_2 、O_2 、H_2O 等),焊剂、药皮中的高价氧化物和焊件表面的铁锈、水分等的分解产物。

氧在电弧高温作用下分解为原子,原子状态的氧非常活泼,能使铁和其他元素氧化,所以氧在焊缝金属中主要是以 FeO 形式存在。同时焊缝金属中的 FeO 还会使其他元素进一步氧化。

2. 氧对焊接质量的影响

(1)焊缝金属中的氧,不仅使焊缝中有益元素大量烧损,而且使焊缝的强度、塑性、硬度和冲击韧性降低,尤其冲击韧性降低明显。

(2)降低焊缝金属的物理性能和化学性能,如降低导电性、导磁性和抗腐蚀性能等。

(3)氧和碳、氢反应,生成不溶于金属的气体 CO 和 H_2O(水蒸气),若结晶时来不及顺利逸出,则在焊缝内形成气孔。

(4)产生飞溅,影响焊接过程稳定。

3. 控制氧的措施

(1)加强保护,如采用短弧焊、选用合适的气体流量等。防止空气侵入,采用惰性气体保护或真空保护下焊接。

(2)清理焊件及焊丝表面的水分、油污、锈迹,按规定温度烘干焊剂、焊条等焊接材料。

（3）用冶金方法进行脱氧。

4. 焊缝金属的脱氧

焊接时，除采取措施防止熔化金属氧化外，设法在焊丝、药皮、焊剂中加入一些合金元素，去除或减少已进入熔池中的氧，是保证焊缝质量的关键。这个过程称为焊缝金属的脱氧。

（1）脱氧剂选择的原则

用来脱氧的元素或合金叫作脱氧剂。作为脱氧剂必须具备下列条件：

①脱氧剂在焊接温度下对氧的亲和力应比被焊金属的亲和力大。元素对氧亲和力大小按递减顺序排列为：

$$Al,Ti,Si,Mn,Fe$$

在实际生产中，常用它们的铁合金或金属粉，如锰铁、硅铁、钛铁、铝粉等作为脱氧剂。元素对氧的亲和力越大，脱氧能力越强。

②脱氧后的产物应不溶于金属而容易被排除，渣熔点应较低，密度应比金属小。易从熔池中上浮入渣。

（2）焊缝金属的脱氧途径

焊缝金属的脱氧有先期脱氧、沉淀脱氧和扩散脱氧三种途径。

①先期脱氧　焊接时，在焊条药皮加热过程中，药皮中的碳酸盐（$CaCO_3$，$MgCO_3$）或高价氧化物（Fe_2O_3）受热分解放出 CO_2 和 O_2，这时药皮内的脱氧剂，如锰铁、硅铁、钛铁等便与其发生氧化反应生成氧化物，从而使气相氧化性降低，这种在药皮加热段发生的脱氧方式称为先期脱氧。

先期脱氧的目的是尽可能在早期把氧去除，减少熔化金属的氧化。先期脱氧是不完全的，脱氧过程和脱氧产物一般不和溶解金属发生直接关系。

②沉淀脱氧　沉淀脱氧是利用溶解在熔滴和熔池中的脱氧剂直接与 FeO 反应进行脱氧，并使脱氧后的产物排入熔渣而清除。沉淀脱氧的对象主要是液态金属中的 FeO，沉淀脱氧常用的脱氧剂有锰铁、硅铁、钛铁等。酸性焊条（E4303）一般用锰铁脱氧；碱性焊条（E5015）一般用硅铁、钛铁脱氧。锰铁、硅铁、钛铁的脱氧化学反应式如下：

$$2FeO + Si \Longrightarrow SiO_2 + 2Fe$$
$$2FeO + Ti \Longrightarrow TiO_2 + 2Fe$$
$$FeO + Mn \Longrightarrow MnO + Fe$$

Si，Ti 对氧的亲和力比 Mn 对氧的亲和力大，按理说脱氧作用比 Mn 强，那么为什么酸性焊条（E4303）中，不用 Si 及 Ti 而必须用 Mn 来脱氧呢？这是由于酸性焊条（E4303）的熔渣中含有大量的酸性氧化物 SiO_2 及 TiO_2，这些生成物无法与熔渣中存在的大量酸性氧化物结合成稳定的复合物而进入熔渣。所以脱氧反应难以进行而无法脱氧。

而 MnO 是碱性氧化物，因此很容易与酸性氧化物（SiO_2，TiO_2）结合成稳定的复合物（$MnO \cdot SiO_2$ 及 $MnO \cdot TiO_2$）而进入熔渣，所以脱氧反应易于进行，有利于脱氧。

那么碱性焊条（E5015），为何又不能用 Mn 脱氧，而必须用 Si，Ti 来脱氧呢？这是因为碱性焊条（E5015）熔渣中含有大量的 CaO 等碱性氧化物，而 Mn 脱氧后的生成物 MnO 也是碱性氧化物，这些生成物无法与熔渣中存在的大量碱性氧化物结合成稳定的复合物进入熔渣。如用 Si，Ti 来脱氧，则脱氧后的产物 SiO_2，TiO_2 就可以与熔渣中大量的碱性氧化物形成稳定的复合物（$CaO \cdot SiO_2$ 及 $CaO \cdot TiO_2$）而进入熔渣。

Al 的脱氧能力虽然很强，但生成的 Al_2O_3 熔点高，不易上浮，易形成夹渣，同时还会产生飞溅、气孔等缺陷，故一般不宜单独作氧化剂。

③扩散脱氧　利用 FeO 既能溶于熔池金属，又能溶解于熔渣的特性，使 FeO 从熔池扩散到熔渣，从而降低焊缝含氧量，这种脱氧方式称为扩散脱氧。

酸性焊条焊接时，由于熔渣中存在大量的 SiO_2，TiO_2 等酸性氧化物，作为碱性氧化物的 FeO 就比较容易从熔池扩散到熔渣中去，与之结合成稳定的复合物 $FeO \cdot TiO_2$，$FeO \cdot SiO_2$，从而降低了熔池中的 FeO 的含量。所以酸性焊条焊接以扩散脱氧作为主要脱氧方式。

碱性焊条焊接时，由于在碱性熔渣中存在大量的强碱性的 CaO 等氧化物，因此扩散脱氧难以进行。所以扩散脱氧在碱性焊条中基本不存在。

由此可见，酸性焊条主要以扩散脱氧为主，碱性焊条主要以沉淀脱氧为主。

二、氢对焊缝金属的作用

1. 氢的来源

焊接区的氢主要来自受潮的药皮或焊剂中的水分、焊条药皮或焊剂中的有机物、空气中的水分、焊件表面的铁锈、油脂及油漆等。

氢一般不与金属化合，但它能以原子或离子状态溶解于铁（Fe）、镍（Ni）、铜（Cu）、铬（Cr）、钼（Mo）等金属中。而且温度越高，氢的溶解度越大，在相变时溶解度发生突变，并产生过饱和扩散氢，导致热影响区使金属变脆。

2. 氢对焊接质量的影响

（1）形成气孔　熔池结晶时氢的溶解度突然降低，容易造成过饱和的氢残留在焊缝金属中，当焊缝金属的结晶速度大于它的逸出速度时，就形成气孔。

（2）产生白点和氢脆　钢焊缝含氢量高时，常常在焊缝拉断面上出现如鱼目状的、直径为 $0.5 \sim 5$ mm 的白色圆形斑点，称为白点。氢在室温时使钢的塑性严重下降的现象称为氢脆。白点和氢脆使焊缝金属塑性严重下降。

（3）产生冷裂纹　氢是产生冷裂纹的因素之一，焊缝含氢量高时易产生冷裂纹。

3. 控制氢的措施

（1）焊前清理干净焊件及焊丝表面的铁锈、油污、水分等污物。

（2）焊前按规定温度烘干焊剂、焊条，气体保护焊保护气体进行去水、干燥处理。

（3）尽量选用低氢型焊条，焊接时采用直流反接，短弧操作。

（4）焊后消氢处理，即焊后立即将焊件加热到 $250 \sim 350$ ℃，保温 $2 \sim 6$ h，使焊缝金属中的扩散氢加速逸出，降低焊缝和热影响中氢含量。

三、氮对焊缝金属的作用

1. 氮的来源

焊接区中的氮主要来自周围空气。

2. 氮对焊接质量的影响

（1）形成气孔　氮与氢一样，在熔池结晶时溶解度突然降低，此时有大量的氮将要析出，当来不及析出，就会形成气孔。

（2）影响焊缝的力学性能　氮与铁等形成化合物，并以针状夹杂物形式存在于焊缝金属中，使硬度和强度提高，塑性、韧性降低，影响焊缝的力学性能。

3. 控制氮的措施

（1）加强对焊接区液态金属的保护，防止空气中氮的侵入，是控制焊缝中氮的含量的主要措施。

（2）采取正确的焊接工艺措施，尽量采用短弧焊接，因为电弧越长，氮侵入熔池越多，焊缝中氮含量越高。此外采用直流反接比直流正接可减少焊缝中氮的含量。

四、焊缝金属中硫、磷的控制

1. 硫（S）、磷（P）的来源

焊缝中的硫、磷主要来自母材、焊丝、药皮、焊剂等材料。硫在焊缝中主要以 FeS 和 MnS 形式存在，由于 MnS 在液态铁中溶解度极小，且易排除入渣，即使不能排走而留在焊缝中，也呈球状分布于焊缝中，因而对焊缝质量影响不大。所以焊缝中以 FeS 形式最为有害。磷在焊缝中主要以铁的磷化物 Fe_2P，Fe_3P 的形式存在。

2. 硫、磷的危害

硫、磷是焊缝中的有害物质。FeS 可无限地溶解于液态铁中，而在固态铁中的溶解度只有 0.015% ~ 0.020%，因此熔池凝固时 FeS 析出，并与 $\alpha - Fe$、FeO 等形成低熔点共晶，尤其焊接高镍（Ni）合金钢时，硫与镍（Ni）形成的 NiS 与 Ni 共晶的熔点更低。这些低熔点共晶呈液态薄膜聚集于晶界，导致晶界处开裂，产生热裂纹。此外硫还能引起偏析、降低焊缝金属的冲击韧性和耐腐蚀性能。

磷和硫一样可与铁形成低熔点共晶 $Fe_3P + P$，聚集于晶界，易产生热裂纹。此外这些磷化物还削弱了晶粒间的结合力，且它本身既硬又脆，因而增加了焊缝金属的冷脆性，使冲击韧性和耐腐蚀性降低，造成冷裂。

硫化物共晶、磷化物共晶的熔点见表 2 - 1。

表 2 - 1　硫化物共晶、磷化物共晶的熔点

共晶物	$FeS + (\alpha - Fe)$	$FeS + FeO$	$NiS + Ni$	$Fe_3P + P$
熔点/℃	985	940	644	1050

3. 脱硫和脱磷的措施

（1）脱硫的措施　焊接过程中脱硫的主要措施有元素脱硫和熔渣脱硫两种。

①元素脱硫　元素脱硫就是在液态金属中加入一些对硫的亲和力比对铁大的元素，把铁从 FeS 中还原出来，形成的硫化物不熔于金属而进入熔渣，从而达到脱硫的目的。在焊接中最常用的是锰（Mn）元素脱硫，因为 Mn 的脱硫产物 MnS 几乎不熔于金属而进入熔渣，其反应式为

$$FeS + Mn =\!=\!= Fe + MnS$$

②熔渣脱硫　熔渣脱硫是利用熔渣中的碱性氧化物如 CaO，MnO 及 CaF_2 等进行脱硫。脱硫产物 CaS，MnS 进入熔渣被排除，从而达到脱硫目的，反应式如下

$$FeS + MnO =\!=\!= FeO + MnS$$
$$FeS + CaO =\!=\!= FeO + CaS$$

钙（Ca）比锰对硫的亲和力强，并且 CaS 完全不熔于金属，所以脱硫效果比 MnO 好。

（2）脱磷的措施　焊接过程中脱磷措施分两步：

①将磷氧化生成 P_2O_5

$$2Fe_3P + 5FeO === P_2O_5 + 11Fe$$
$$2Fe_2P + 5FeO === P_2O_5 + 9Fe$$

②利用碱性氧化物与 P_2O_5 反应形成稳定的磷酸盐进入熔渣

$$3CaO + P_2O_5 === Ca_3P_2O_8$$
$$4CaO + P_2O_5 === Ca_4P_2O_9$$

从上式中可知,熔渣中如同时拥有足够的自由 FeO 和自由 CaO,则脱磷效果好。但实际上在碱性焊条或酸性焊条中,要同时具有上述两种条件是相当困难的。如从脱硫、脱磷的效果看,碱性焊条比酸性焊条强,这是碱性焊条的力学性能、抗裂性能比酸性焊条强的原因。

五、焊缝金属合金化

焊缝金属的合金化就是将所需要的合金元素利用焊接材料通过焊接冶金过程过渡到焊缝金属中去,使焊缝金属的成分、组织和性能符合预定要求。

1. 焊缝金属合金化的目的

补偿焊接过程中蒸发、氧化等原因造成的合金元素损失;消除焊接缺陷,改善焊缝金属的组织和性能;获得具有特殊性能的堆焊金属,如用堆焊的方法来提高焊件表面的耐磨、耐热、耐蚀等性能。

2. 焊缝金属合金化的方法

一种是通过合金焊丝(或焊芯)过渡;另一种是通过焊条药皮(或药粉)过渡,以及两种方法同时兼用。在生产中采用焊条药皮(或药粉)过渡的形式应用较广,其优点是药芯中合金成分比例可以任意调整,合金损失比较少,缺点是制造比较困难,合金成分较难混合均匀。

常用的合金剂有:锰铁、硅铁、镍铁、钼铁、钨铁、硼铁等。

第三节　焊缝金属的结晶

焊缝金属从熔池中高温的液体状态冷却至常温的固体状态,经历了两次结晶过程,即从液相转变为固相的一次结晶和在固相焊缝金属中出现同素异构转变的二次结晶(或称重结晶)。焊缝结晶过程对焊缝金属的组织和性能有重大影响,焊接过程中的许多缺陷如气孔、裂纹、夹杂、偏析等,大多是在熔池结晶时产生的。

一、焊缝金属的一次结晶

焊缝金属由液态转变为固态的凝固过程称为焊缝金属的一次结晶。一次结晶包括生核和长大两个基本过程。

1. 焊接熔池一次结晶的特点

(1)熔池体积小,冷却速度大　使含碳量高、含合金元素较多的钢种材料,在焊接时容易产生硬化组织和结晶裂纹。

(2)熔池中的液态金属处于过热状态　焊接时,熔池的温度超过焊件材料的熔点,处于过热状态。因此合金元素烧损比较严重。

（3）熔池在运动状态下结晶　焊接时,熔池随电弧热源做匀速移动。在熔池中金属的熔化和结晶过程是同时进行的,就是熔池的前半部处在熔化过程,后半部处在结晶过程,使熔池的前后部温度高低不同,造成液态金属对流,增加了熔池的搅拌作用,有利于气体、夹杂物的排除,有利于得到性能良好的焊缝。

2. 焊接熔池一次结晶的过程

焊接时,随着电弧的移去,熔池液体金属温度逐渐降低,由于熔合线处的散热条件好,是熔池中温度最低的地方,所以当液体金属达到凝固温度时,熔合线上的半熔化晶粒就成为附近液体金属结晶的晶核,如图 2-1(a)所示。随着熔池温度的不断降低,晶核开始朝着与散热方向相反的方向长大,具有明显的方向性,即垂直熔合线指向熔池中心方向,如图 2-1(b)所示。同时也向两侧较缓慢地长大,形成柱状结晶,如图 2-1(c)所示。当柱状晶体不断长大至互相接触时,焊缝的一次结晶过程结束,如图 2-1(d)所示。

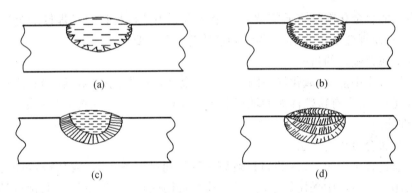

图 2-1　焊接熔池结晶过程示意图
(a)开始结晶;(b)晶体长大;(c)柱状结晶;(d)结晶结束

二、焊缝结晶过程中的偏析

焊缝金属中化学成分分布不均匀的现象称为偏析。偏析主要是一次结晶时产生的。偏析的化学成分不均匀不仅导致性能改变,同时偏析也是产生裂纹、气孔、夹杂物等焊接缺陷的主要原因之一。焊缝中的偏析主要有显微偏析、区域偏析和层状偏析。

1. 显微偏析

在一个柱状晶粒内部和晶粒之间的化学成分分布不均匀的现象,称为显微偏析。

柱状晶粒生长的过程,一方面是在结晶的轴向延长,另一方面是径向扩展。焊缝结晶时,最先结晶的结晶中心(即结晶轴)的金属最纯,而后结晶的部分含合金元素和杂质略高,最后结晶的部分,即晶粒的外缘和前端含合金元素和杂质最高。这样一个柱状晶粒内部化学成分分布不均匀的现象叫晶内偏析。

焊缝结晶过程是无数个柱状晶粒同时生长的过程,每个晶粒都有自己的结晶轴,很多相邻的晶粒都以自己的晶轴为中心向四周和前方发展,所以相邻晶粒之间的液体结晶最迟,含有较多的合金元素和杂质,这种晶粒之间化学成分分布不均匀的现象称为晶间偏析。

2. 区域偏析

熔池结晶时,由于柱状晶体的不断长大和推移,把杂质推向熔池中心,这样熔池中心的杂质含量要比其他部位高,这种现象称为区域偏析。

焊缝成形系数不同,其偏析的地方也不一样。焊缝成形系数小,焊缝窄而深,各柱状晶粒的交界在中心,使窄焊缝的中心聚集较多的杂质,如图2-2(a)所示,这时极易形成热裂纹;焊缝成形系数大,焊缝宽而浅,杂质聚集在焊缝上部,如图2-2(b)所示,这种焊缝具有较强的抗热裂纹能力。因此可以利用这一特点来降低焊缝产生热裂纹的可能。如同样厚度的钢板,用多层多道焊要比一次深熔焊的焊缝抗热裂纹的能力强得多。

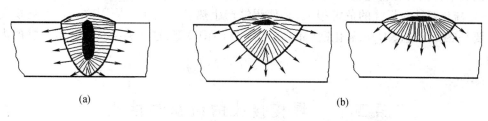

(a)　　　　　　　　　　　　　　　　(b)

图2-2　焊缝成形系数不同对偏析分布的影响示意图

(a)焊缝成形系数小;(b)焊缝成形系数大

3.层状偏析

焊接熔池始终是处于气流和熔滴金属的脉动作用下,所以无论是金属的流动或热量的提供和传递都具有脉动的性质。同时熔池结晶过程中放出的结晶潜热,造成结晶过程周期性停顿,使晶体长大速度出现周期性增加和减少。晶体长大速度的变化,引起结晶前沿液体金属中夹杂浓度的变化,引起结晶前周期性的偏析现象,称为层状偏析。层状偏析常集中了一些有害的元素,因而缺陷也往往出现在偏析层中。

三、焊缝金属的二次结晶

一次结晶结束后,熔池金属就转变为固态的焊缝。高温的焊缝金属冷却到室温时,要经过一系列的相变过程,这种相变过程称为焊缝金属的二次结晶。

对低碳钢而言,焊缝的常温组织,即二次结晶后的组织为铁素体加珠光体。在低碳钢的平衡组织中(即非常缓慢地冷却下来所得的组织),珠光体含量很少。焊接时,由于冷却速度较快,所以焊缝组织中珠光体含量一般都比平衡组织中的含量大。冷却速度越快,珠光体含量越多,焊缝的硬度和强度随之增加,而塑性和韧性则随之降低。

四、焊缝金属组织的调整和改善

1.改善一次结晶组织

通过焊接材料向熔池中加入某些合金元素,如钼(Mo)、钛(Ti)、铌(Nb)、铝(Al)等,可以细化晶粒,得到良好的结晶组织,从而既可保证焊缝强度和塑性,又能提高抗裂性。这就是变质处理。

2.改善二次结晶组织

(1)焊后热处理　低碳钢焊件一般不需要热处理。某些合金钢焊件焊后,可以通过热处理来提高焊缝金属的性能,以充分发挥材料的潜力。

(2)多层多道焊接　焊接厚度相同的焊件时,采用多层多道焊接可以提高焊缝金属的质量,因为后焊的焊层(焊道)对前层焊缝具有正火处理。而且对最后一道焊缝,可在其焊缝上多焊一层退火焊道,能细化晶粒,改善二结晶组织。

(3)锤击焊道表面　多层焊接时,锤击可使前层焊缝的晶粒不同程度地被击碎,使后一层焊缝晶粒细化。同时锤击能使焊缝产生塑性变形而降低焊后残余应力。

(4)跟踪回火　跟踪回火是每焊完一层焊道后,立即用气体火焰加热焊道表面,表面温度控制在900~1 000℃之间,以调整焊缝金属的力学性能,去除内应力,稳定组织。

五、焊缝中的夹杂物

由焊接冶金反应产生的,焊后残留在焊缝金属中的微观非金属杂质,称为夹杂物。焊缝中的夹杂物主要有硫化物和氧化物两种。硫化物夹杂主要是硫化亚铁(FeS)和硫化锰(MnS),硫化亚铁对焊缝的危害很大,是使焊缝产生热裂纹的主要原因之一。氧化物夹杂物主要是二氧化硅(SiO_2)、氧化锰(MnO)、氧化钛(TiO_2)等,这些夹杂物会降低焊缝的力学性能。

第四节 焊接接头的组织和性能

熔焊时,不仅焊缝在焊接热源的作用下发生从熔化到固态相变等一系列变化,而且焊缝两侧未熔化的母材也会因焊接热传递的影响而产生组织和性能变化。此外,由母材到焊缝也存在着性能既不同于焊缝,又不同于母材的过渡区,这些都对焊接接头的性能产生较大的影响。

一、焊接热循环

在焊接热源作用下,焊件上某点的温度随时间变化的过程称为焊接热循环。焊接热循环是针对焊件上的某个具体的点而言的,当热源向该点靠近时,该点的温度随之升高直至达到最大值,随着热源的离开,温度又逐渐降低直至室温,该过程可用一条曲线来表示,叫作热循环曲线,如图2-3所示。在焊缝两侧距焊缝远近不同的各点,所经历的热循环不同,显然距焊缝越近的各点,加热达到的最高温度越高;距焊缝越远的各点,加热达到的最高温度越低。

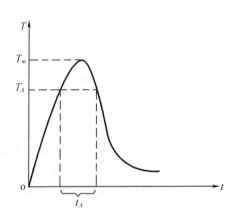

图2-3 焊接热循环曲线

1.焊接热循环主要特点的和参数

(1)焊接热循环的主要特点是加热温度高,停留时间短(几秒到几十秒),加热和冷却速度快。

(2)焊接热循环的主要参数是加热速度、加热的最高温度(T_M)、在相变温度以上的停留的时间(t_A)和冷却速度。

2.影响焊接热循环的因素

(1)焊接工艺参数和热输入

电弧焊时,焊接电流、电弧电压、焊接速度等焊接工艺参数的选用对焊接热循环有很大影响。由于焊接电流和电弧电压的乘积就是电弧功率,在其他条件不变的情况下,电弧功率越大,加热范围也越大。而在相同电弧功率下,焊接速度变慢时,加热时间变长,加热范围增宽,冷却速度变慢;如焊接速度变快时,则相反。

另外,热输入综合了焊接电流、电弧电压、焊接速度等焊接工艺参数对焊接热循环的影响。当热输入增大时,加热到高温的区域增宽,在高温的停留时间也增加,使热影响区的宽度增宽,同时冷却速度减慢。因此焊接时应根据钢材的性质,选用合适的焊接工艺参数和热输入,以获得具有良好性能的焊接接头。

（2）预热和层间温度

预热主要是降低焊接接头的冷却速度,以减少钢材的淬硬倾向,防止裂纹产生。但是预热不影响在高温的停留时间,这是十分理想的工艺措施。

层间温度是指多层多道焊时,后道焊缝焊接时前道焊缝的最低温度。焊接需要预热的钢材时,层间温度一般控制在略高于预热温度,其目的也是为了降低焊接接头的冷却速度,促使扩散氢的逸出,有利于防止裂纹产生。

（3）板厚、接头形式和母材导热性

板厚、接头形式和母材导热性也有很大影响。当板厚增大,焊缝的冷却速度也增大,高温的停留时间缩短。角接焊缝比对接焊缝的冷却速度快,因为三向导热的冷却速度大于双向导热的冷却速度。

二、熔合区的组织和性能

熔合区是指在焊接接头中,焊缝向热影响区过渡的区域。该区范围很窄,甚至在显微镜下也很难分辨。

熔合区温度处于铁碳合金状态图中固相线和液相线之间。该区金属处于部分熔化状态(半熔化区),晶粒非常粗大,冷却后组织为粗大的过热组织,塑性、韧性很差。由于熔合区具有明显的化学不均匀性及组织不均匀性,所以往往是焊接接头产生裂纹或局部脆性破坏的发源地,是焊接接头中性能最差的区域。

三、焊接热影响区的组织和性能

焊接热影响区就是指在焊接过程中,母材因受热影响（但未熔化）而发生金相组织和力学性能变化的区域。焊接热影响区的组织和性能,基本上反映了焊接接头的性能和质量。

对于低碳钢及低合金高强度结构钢等不易淬火钢,焊接热影响区可分为过热区、正火区、不完全重结晶区和再结晶区,如图2-4所示。

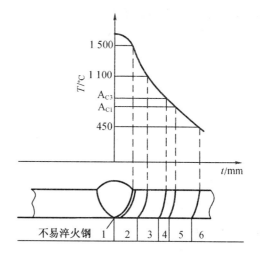

2-4 不易淬火钢焊接热影响区示意图

1—熔合区;2—过热区;3—正火区等有关;

4—不完全重结晶区;5—再结晶区;6—母材

1. 过热区

焊接热影响区中,具有过热组织或晶粒显著粗大的区域称为过热区,又称粗晶区。过热区的加热温度范围是在固相线以下到1100℃左右之间。在这样高的温度下,奥氏体晶粒严重长大,冷却后呈现为晶粒粗大的过热组织,甚至出现魏氏组织。

过热区塑性、韧性很低,尤其是冲击韧性比母材低20%～30%,是热影响区中性能最差的区域。因此在焊接刚性较大的结构时,常在过热区产生裂纹。过热区的大小与焊接方法、焊接工艺参数及焊件的板厚等有关。

2. 正火区

正火区的加热温度范围约在 A_{C3} ~ 1 100 ℃之间。加热时该区的铁素体和珠光体全部转变为奥氏体。由于温度不高,晶粒长大较慢,空冷后,获得均匀而细小的铁素体和珠光体,相当于热处理中的正火组织,因此该区也称为相变重结晶区或细晶区。其力学性能略高于母材,是热影响区综合力学性能最好的区域。

3. 不完全重结晶区

该区的加热温度范围处于 A_{C1} ~ A_{C3} 之间。加热时该区的部分铁素体和珠光体转变为奥氏体,冷却时奥氏体转变为细小的铁素体和珠光体;而未溶入奥氏体的铁素体不发生转变,晶粒长大粗化,成为粗大的铁素体。所以这个区的金属组织是不均匀的,一部分是经过重结晶的晶粒细小的铁素体和珠光体,另一部分是粗大的铁素体。由于晶粒大小不同,所以力学性能也不均匀。

4. 再结晶区

对于焊前经过冷塑性变形(冷轧、冷成型)的母材,加热温度在 A_{C1} ~ 450 ℃之间区域,将发生再结晶。经过再结晶,塑性、韧性提高了,但强度却降低了。

焊接热影响区除了组织变化而引起性能变化外,热影响区宽度对焊接接头中产生的应力与变形也有较大影响。一般来说,热影响区越窄,则焊接接头中内应力越大,越容易出现裂纹;热影响区越宽,则变形越大。因此焊接生产中,在保证焊接接头不产生裂纹的前提下,应尽量减少热影响区的宽度。

热影响区宽度的大小与焊接方法、焊接工艺参数、焊件大小和厚度、金属材料热物理性质和接头形式等有关。采用小的焊接工艺参数,如降低焊接电流、增加焊接速度,可以减少热影响区宽度。不同焊接方法,其热影响区宽度也不相同,焊条电弧焊的热影响区总宽为 6 ~ 8 mm,埋弧自动焊为 2.5 ~ 4 mm,而气焊则达到 27 mm 左右。

第五节　控制和改善焊接接头性能的方法

焊接接头是由焊缝、熔合区和焊接热影响区组成,是一个成分、组织和性能都存在差异的不均匀体。因此必须采取措施加以控制,改善焊接接头的性能。

一、材料与匹配

材料的匹配主要是焊接材料的选用。焊接材料与母材不同的匹配将会影响焊缝金属的化学成分和性能,但不影响热影响区的组织和性能。

对于低碳钢、低合金高强度结构钢、低温钢,一般不要求焊缝金属与母材成分一样,而是要求力学性能与母材相同。为提高焊缝的抗裂性,应减少焊缝中碳和硫、磷等杂质元素的含量。为提高焊缝的塑性和韧性,一般在焊接材料中加入碳化物或氮化物的形成元素,如钼、铌、钒、钛、铝等,以细化焊缝组织。

对于耐热钢和不锈钢,为保证焊缝具有与母材相近的高温性能和耐腐蚀性能,其焊接材料的化学成分应与母材大致相同。对于奥氏体不锈钢,为提高抗裂性,防止热裂纹,常在焊接材料中加入一些铁素体形成元素,以获得双相组织。

二、控制熔合比

熔焊时,被熔合的母材在焊缝金属中的所占的百分比,称为熔合比。如图 2 - 5 所示,熔

合比的计算公式为

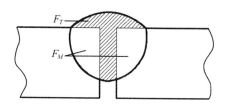

图 2 - 5 熔合比示意图

$$r = F_M / (F_M + F_T)$$

式中 r——熔合比；

F_M——熔化的母材金属横截面积；

F_T——焊缝中填充金属的横截面积。

熔合比只对焊缝金属的化学成分有影响,只影响焊缝金属的性能。当焊接材料与母材的化学成分基本相同时,熔合比对焊缝和熔合区的性能无明显影响。当母材中合金元素较少,焊接材料中合金元素较多时,在这些合金元素对改善焊缝性能起关键作用情况下,熔合比应控制得小一些,否则熔合比增加会导致焊缝性能下降。

当母材中含有合金元素较多,而焊接材料合金元素较少时,如果这些合金元素对改善焊缝性能有利,则增加熔合比可提高焊缝的性能。

当母材中碳和硫、磷的含量较多时,应减少熔合比,以减少碳、硫、磷进入焊缝,提高焊缝的塑性和韧性,防止产生裂纹。

在生产中,常常通过调节焊接坡口的大小来控制熔合比。不开坡口,熔合比最大。坡口越大,熔合比越小。

三、焊接工艺方法的选用

不同的焊接工艺方法其特点不同,因而对焊接接头的性能也产生不同影响。

1. 气焊

气焊的机械保护效果较差,合金元素烧损较大,焊缝中气体元素和杂质元素含量也较高。气焊加热速度慢,焊缝和热影响区易产生过热组织,晶粒粗大,热影响区宽。因此焊接接头性能差。

2. 焊条电弧焊

焊条电弧焊机械保护效果较好,合金元素烧损较少,焊缝中气体元素和杂质元素含量较低。焊条电弧焊的热输入较小,接头高温停留时间较短,焊缝和热影响区的组织较细,热影响区相对较窄。因此焊接接头性能较好。

3. 埋弧焊

埋弧焊的机械保护效果较好,合金元素烧损较少,焊缝中气体元素和杂质元素含量较低。虽然埋弧焊电弧功率比焊条电弧焊大,容易导致热影响区组织较粗大,但由于它的焊接速度比焊条电弧焊快得多,总的来说,埋弧焊的焊接接头性能是比较好的。

4. 手工钨极氩弧焊

手工钨极氩弧焊由于采用氩气保护,保护效果好,合金元素基本没有烧损,焊缝中气体元素和杂质元素含量较少,焊缝金属纯净。并且由于氩弧热量集中,热输入小,接头高温停留时间短,焊缝和热影响区组织细,热影响区窄,所以手工钨极氩弧焊焊接接头性能好。

5. CO₂ 气体保护焊

CO₂ 气体保护焊采用氧化性气体 CO₂ 进行保护,对合金元素烧损较多,故需采用含硅、锰较多的焊丝。但其焊缝含氢量低,抗裂性能好,热影响区窄,所以焊接接头性能较好。

四、焊接工艺参数和线能量的选用

焊接工艺参数选择得正确与否,直接影响焊缝形状和焊接热循环特征,从而影响焊接接头的组织和性能。

1. 焊接工艺参数对焊接接头性能的影响及控制

焊接工艺参数(俗称焊接规范)是指焊接时,为保证焊接质量而选定的诸物理量(如焊接电流、电弧电压、焊接速度、线能量等)的总称。

焊接时,采用小的焊接电流、高的电弧电压,可以获得宽而浅的焊缝,结晶时最后凝固的低熔点杂质被推向焊缝表面,因而可以改善焊缝中心线处的力学性能,并可防止产生中心线裂纹,但是容易出现气孔、咬边、未焊透等焊接缺陷。若采用大电流、低电压焊接时,焊缝窄而深,凝固时形成严重的中心线偏析,使焊缝中心线处性能下降,容易产生热裂纹。因此应根据结构要求和材料性质,正确选用焊接工艺参数。

2. 线能量对焊接接头性能的影响及控制

焊接工艺参数的选择不能只以一个参数的大小来衡量对焊接接头的影响,焊接工艺参数的大小应综合考虑,即采用线能量来表示。

所谓线能量,是指熔焊时由焊接能源输入给单位长度焊缝上的能量。一般用下式表示

$$E = \frac{I_{焊} U_{弧}}{V_{焊}} (\text{J/cm})$$

式中　$I_{焊}$——　焊接电流,A;

　　　$U_{弧}$——电弧电压,V;

　　　$V_{焊}$——焊接速度,cm/s。

线能量的大小对焊接接头的性能有很大的影响。线能量(焊接热输入)越大,焊接热影响区越宽,过热现象越严重,晶粒也越粗大,因而塑性和韧性严重下降;线能量(焊接热输入)过小,易产生硬脆的马氏体组织,导致塑性和韧性严重下降,甚至产生冷裂纹。

对于淬硬倾向不大的钢,采用较小的线能量时冷裂倾向也不大,所以从减少过热,防止晶粒粗化出发,应选用较小的热输入;对于淬硬倾向较大的钢,为降低淬硬倾向,防止冷裂纹的产生,线能量选择应偏大一些。但热输入过大,又会增大粗晶脆化倾向,这时采用预热等工艺措施配合小的热输入更合理些。

五、焊接工艺措施

焊接工艺措施很多,如焊接操作技术、焊前预热、焊后后热、焊后热处理等。焊接操作技术包括单道焊法和多层多道焊法、不摆动焊法和摆动焊法等,这些对焊接接头的性能都有较大影响。

1. 多层多道焊

采用多层多道焊法的焊缝质量比单道焊好,因为多层多道焊法的焊缝偏析比较分散,不会集中在焊缝中心线上,可避免产生焊缝中心线裂纹,并且多层多道焊法的后焊焊道对前一焊道和热影响区还有附加热处理作用。

2. 焊前预热

在焊接前对焊件进行全部或局部加热,减小焊接区域与结构整体温差,使焊缝区域与结构整体尽可能均匀冷却,以减小焊接应力,防止裂纹产生。

3. 焊后后热(又称消氢处理)

在焊接后对焊件加热至 250~350 ℃,保温 2~6 h,空冷,有利于加速氢的扩散逸出。一般情况下,只有在焊件无法进行焊后热处理时,才采用焊后后热。如进行焊后热处理工艺,就不必进行。

4. 焊后热处理

焊接后立即对焊件进行热处理,消除应力和改善金相组织。

习　题

一、判断题

1. 熔化极电弧焊时,熔化焊条(或焊丝)的主要热量是焊接电弧热。(　　)

2. 焊接熔池搅拌激烈有助于加快反应速度,也有助于熔池中气体的逸出。(　　)

3. 焊条(或焊丝)的直径越粗,所产生的电阻热就越大。(　　)

4. 焊缝金属一次结晶时,晶粒成长的方向与散热方向是一致的。(　　)

5. 偏析主要是一次结晶时产生的。(　　)

6. 在焊接热源作用下,焊件上某点的温度随时间变化的过程称为焊接热循环。(　　)

7. 焊缝成形系数小,杂质聚集的量也少,这种焊缝具有较强的抗热裂纹能力。(　　)

8. 焊接线能量也称焊接热输入,因此焊接热输入越大,焊接热影响区越宽,过热现象越严重,晶粒也越粗大因而塑性和韧性严重下降。(　　)

9. 焊接电流、电弧电压和焊接速度增加时,都能使焊接线能量增加,对于强度等级较高的低合金钢必须严格控制焊接线能量。(　　)

10. 多层多道焊法的后焊焊道对前一焊道和热影响区还有附加热处理作用。(　　)

11. 多层多道焊法的焊缝偏析比较分散,不会集中在焊缝中心线上,可避免产生焊缝中心线裂纹。(　　)

12. 预热能够降低冷却速度,但基本上不影响在高温的停留时间。(　　)

13. 一般来说,热影响区越宽,则焊接接头中内应力越大,越容易出现裂纹;热影响区越窄,则变形较大。因此焊接生产中,应尽量减少热影响区的宽度。(　　)

14. 气体在电弧的高温作用下,之所以会不同程度地分解,是由于这些分解反应是放热反应。(　　)

15. 气体在电弧高温下的分解,对提高焊缝的质量是很有利的。(　　)

16. 焊接区中的氮主要来自于空气。(　　)

17. 焊接区中的氧主要来自于空气,所以加强对焊接区的保护是减少焊缝含氧量的重要措施。(　　)

18. CO_2 气体保护焊时,焊接电流大和电弧电压高,都是导致焊缝金属中含氧量增加的因素。(　　)

19. 控制焊缝中含氮量的最有效措施是加强焊接区的保护。(　　)

20. 氢引起的白点会使焊缝金属的强度大为降低。（　　　）

21. 加强焊接区的保护也是减少焊缝金属含氢量的重要措施之一。（　　　）

22. 碱性熔渣的脱硫、脱磷比酸性熔渣好。（　　　）

23. SiO$_2$ 和 TiO$_2$ 具有良好的脱硫效果。（　　　）

24. 焊缝金属渗合金的目的之一是可以获得具有特殊性能的堆焊金属，来提高焊件表面耐磨和耐蚀等性能。（　　　）

25. 在焊缝冷却过程中，氢在熔池中的溶解度随温度的下降而迅速提高。（　　　）

26. 氢气孔、CO 气孔都是在焊缝结晶过程中形成的。（　　　）

27. 减少焊缝金属中硫、磷含量的主要措施是利用熔渣对熔池金属的脱硫、脱磷反应。（　　　）

28. 硫和磷在钢中能形成多种低熔点共晶，并在结晶过程中极易形成液态薄膜，因而裂纹倾向显著增大。（　　　）

29. 过热区的加热温度范围是在固相线以下到 1 100 ℃左右之间。在这样高的温度下，有利于焊缝中的气体逸出，因此它是热影响区中性能最好的区域。（　　　）

30. 在焊接生产中，常常通过调节焊接坡口的大小来控制熔合比。不开坡口，熔合比最小。坡口角度越大，熔合比越大。（　　　）

二、填空题

1. 焊接时的冶金反应过程，对焊缝金属的_____和_____产生重要影响。

2. 焊缝金属一次结晶时，其晶粒是_____的，这是由于晶粒生长的方向与散热方向_____，散热有明显的_____。

3. 焊缝中的偏析是导致产生_____和_____的一个主要根源，它主要有_____、_____、_____三种偏析现象。

4. 焊接热循环的主要参数是_____、_____、_____和_____。

5. 影响焊接热循环的因素包括：_____、_____、_____、_____、_____等。

6. 焊接热输入量增大时，焊接热影响区宽度_____，加热到高温的区域_____，在高温的停留时间_____，同时冷却速度_____。

7. 焊前预热的主要目的是：降低_____、减少_____和防止_____。

8. 不易淬硬的低合金钢的热影响区可分成_____、_____、_____和_____四个区域。

9. 焊接热影响区中过热组织的力学性能除与_____和_____有关外，还与_____有关。

10. 焊接区气体中主要成分为_____、_____、_____、_____、_____等。

11. 在焊接过程中，焊接区内充满着各种成分的气体，它们主要来自于_____、_____以及_____等焊接材料。

12. 焊缝金属中含氧量的增加，使焊缝金属的_____、_____、_____和_____等力学性能都会降低，特别是_____的降低更为明显。

13. 弧焊时，焊接区中氧来自于_____、_____及焊件表面的_____和_____等。

14. 氮是提高焊缝金属_____和_____，降低_____和_____的气体，并且是焊缝中产生_____的主要原因之一,所以在焊缝中属于_____气体。

15.焊缝中氢的危害是_____、_____、_____和_____。

16.焊缝金属合金化的目的是补偿焊接过程中_____、_____等原因造成的_____损失;_____焊接缺陷,改善焊缝金属的_____;获得具有_____的堆焊金属,如用堆焊的方法来提高焊件表面的_____、_____、_____等性能。

17.焊缝金属中的硫主要以_____形式存在,以_____呈_____聚集于晶界,导致晶界处_____,产生_____和产生_____。

18.焊缝金属中的硫能引起_____,降低焊缝金属的_____和_____。

19.焊缝金属中的磷以_____和_____等形式存在。磷的危害表现在降低_____、产生_____和_____现象。

20.向焊缝中渗合金一般是通过_____和_____两个途径。

习题答案

一、判断题

1.(√)2.(√)3.(×)4.(×)5.(√)6.(√)7.(×)8.(√)9.(×)10.(√)11.(√)
12.(×)13.(×)14.(√)15.(×)16.(√)17.(×)18.(√)
19.(√)20.(√)21.(√)22.(√)23.(×)24.(√)25.(√)26.(√)27.(√)
28.(√)29.(×)30.(×)

二、填空题

1.化学成分　力学性能
2.柱状　相反　方向性
3.裂纹　气孔　显微偏析　区域偏析　层状偏析
4.加热速度　加热的最高温度　在相变温度以上的停留的时间　冷却速度
5.焊接工艺参数　焊接方法　预热和层间温度　接头形式　母材导热性
6.增宽　增宽　增加　减慢
7.冷却速度　淬硬倾向　裂纹产生
8.过热区　正火区　不完全重结晶区　再结晶区
9.焊接方法　焊接工艺参数　焊件的板厚
10.氧气　氮气　氢气　一氧化碳　二氧化碳　水蒸气
11.焊条　焊丝　焊剂
12.强度　塑性　硬度　冲击韧性　冲击韧性
13.焊剂　药皮中的高价氧化物　铁锈　水分
14.硬度　强度　塑性　韧性　气孔　有害
15.形成气孔　产生白点　引起氢脆　产生裂纹
16.蒸发　氧化　合金元素　消除　组织和性能　特殊性能　耐磨　耐热　耐蚀
17.硫化物　低熔点共晶　液态薄膜　开裂　热裂纹冲击韧性　热裂纹
18.偏析　冲击韧性　耐腐蚀性能
19.Fe_2P　Fe_3P　冲击韧性和耐腐蚀性　冷裂　冷脆
20.合金焊丝(或焊芯)　焊条药皮(或药粉)

第三章　常见焊接接头形式、焊缝形式及代号

现代的钢质船舶都采用焊接结构。船体的板与板、骨架与骨架、板与骨架以及板与钢管、钢管与钢管的连接组成了各种形式的焊接接头。

第一节　焊接接头类型

一、焊接接头组成

用焊接方法连接的接头称为焊接接头。焊接接头包括焊缝、熔合区和热影响区。如图 3-1 所示。

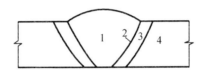

图 3-1　焊接接头组成示意图

1—焊缝;2—熔合区;3—热影响区;4—母材

二、焊接接头坡口类型

焊接接头的坡口根据各自形状不同可分为基本型、组合型和特殊型三类,见表 3-1。

表 3-1　焊接接头坡口的类型和特点

坡口类型	坡口特点	图示
基本型	形状简单,加工容易,应用普遍。主要有 I 形坡口,V 形坡口、单边 V 形坡口、U 形坡口、J 形坡口 5 种	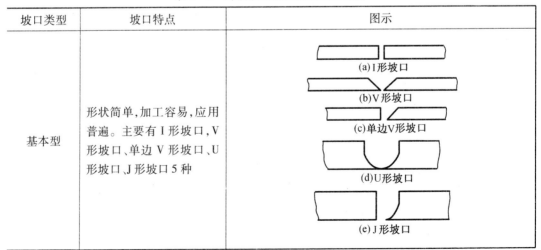（a）I形坡口 （b）V形坡口 （c）单边V形坡口 （d）U形坡口 （e）J形坡口

表 3-1(续)

坡口类型	坡口特点	图示
组合型	由两种或两种以上的基本型坡口组合而成,如 Y 形坡口、双 Y 形坡口、带钝边 U 形坡口、双单边 V 形坡口、带钝边单边 V 形坡口等	(a)Y形坡口　(b)双Y形坡口　(c)带钝边U形坡口 (d)双单边V形坡口　(e)带钝边单边V形坡口
特殊型	既不属于基本型又不同于组合型的特殊坡口,如卷边坡口、带垫板坡口、锁边坡口、塞焊坡口、槽焊坡口等	(a)卷边坡口 (b)带垫板坡口 (c)锁边坡口　(d)塞焊、槽焊坡口

三、坡口的几何尺寸及符号

所谓坡口就是根据设计或工艺需要,在焊件的待焊部位加工成一定几何形状的沟槽。焊件上的坡口表面叫坡口面,如图 3-2 所示。

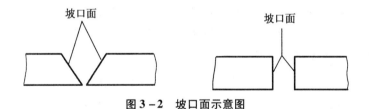

坡口面　　　　坡口面

图 3-2　坡口面示意图

1. 坡口角度和坡口面角度

焊件表面的垂直面与坡口面之间的夹角叫坡口面角度。两坡口面之间的夹角叫坡口角度,用 α 表示。开单面坡口时,坡口角度等于坡口面角度。开双面对称坡口时,坡口角度等于两倍的坡口面角度,用 β 表示。如图 3-3(a)、(b)所示。

2. 根部间隙

焊前在接头根部之间预留的空隙,叫根部间隙,用 b 表示。如图 3-3(c)所示。根部间隙的作用在于焊接打底焊道时,能保证根部可以焊透。

3. 钝边(俗称留根)

焊件开坡口时,沿焊件厚度方向未开坡口的端面部分,叫钝边,用 p 表示。如图 3-3(d)所示。钝边的作用是防止根部焊穿。

4. 根部半径

在 J 形、U 形坡口底部的半径,用 R 表示,如图 3-3(e)所示。根部半径的作用是增大坡口根部的空间,使焊条能够伸入根部,以确保根部焊透。

5. 坡口深度

焊件上开坡口部分的高度叫坡口深度,用 H 表示,如图 3 – 3(f)所示。

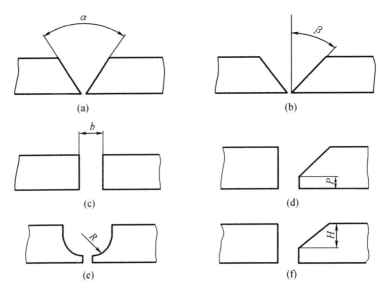

图 3 – 3　坡口几何尺寸和符号示意图

(a)坡口角度;(b)坡口面角度;(c)根部间隙;(d)钝边高度;

(e)根部半径;(f)坡口深度

三、焊接接头的类型及特点

焊接中,由于焊件的厚度、结构及使用条件的不同,其接头类型也不同,常见焊接接头主要有对接接头、T 形接头、角接接头、搭接接头四种基本类型,见表 3 – 2。

四、不同厚度的钢板对接处理

对于不同厚度的钢板对接时,如果厚度差$(\delta - \delta_1)$不超过表 3 – 3 的规定时,则接头的基本形式与尺寸应按较厚板的尺寸数据选取。如果对接钢板的厚度差超过表 3 – 3 的规定,则应在较厚的板上做出如图 3 – 4 所示的削薄,其削薄长度 $L \geqslant 3(\delta - \delta_1)$。

五、坡口的选用原则

各种接头形式在选择坡口形式时,应尽量减少焊缝金属的填充量,便于装配和保证焊接接头质量,因此应考虑以下几个原则:

(1)是否能保证焊件焊透。

(2)坡口形状是否容易加工。

(3)应尽可能地提高生产率,节省填充金属。

(4)焊件焊后变形尽可能小。

表 3 - 2　焊接接头的类型、特点和应用

接头类型	特点	应用	图示
对接接头	对接接头是两焊接件表面构成大于等于135°、小于或等于180°夹角的接头。对接接头从受力的角度看是比较理想的接头形式，应力受力状况好，应力集中程度较小，但材料消耗较少。但对焊接边缘加工及装配要求较高	对接接头是各种焊接中采用最多的一类接头形式。一般钢板厚度在 6 mm 以下，不开坡口（I 形坡口）；若大于 6 mm，则必须开坡口。对接接头常采用的坡口形式有 V 形、Y 形、双 Y 形、U 形坡口等	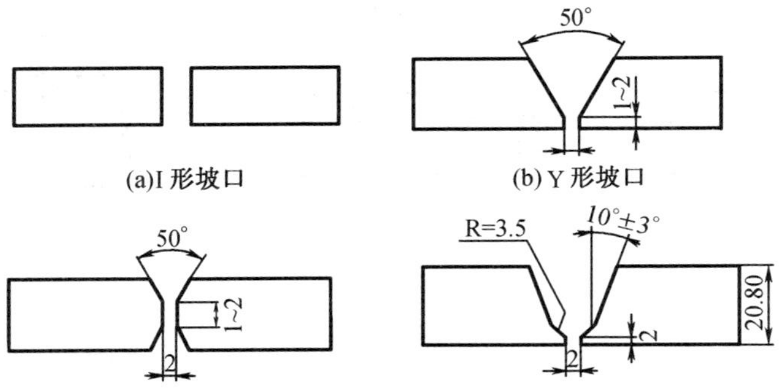 (a)I 形坡口　(b) Y 形坡口　(c)双 Y 形坡口　(d)带钝边 U 形坡口
T 形接头	T 形接头是一个焊接件的端面与另一个焊接件表面构成直角或近似直角的接头。T 形接头是一种典型的电弧焊接头，能承受各个方向的力和力矩	T 形接头是各类箱型结构中最常见的结构形式。在一般情况下，T 形接口可不开坡口，若焊缝要求承受载荷时，应选用带钝边单边 V 形、带钝边双单边 V 形或带钝边双J 形坡口成带钝边双J 形坡口，使接头焊透，以保证接头强度	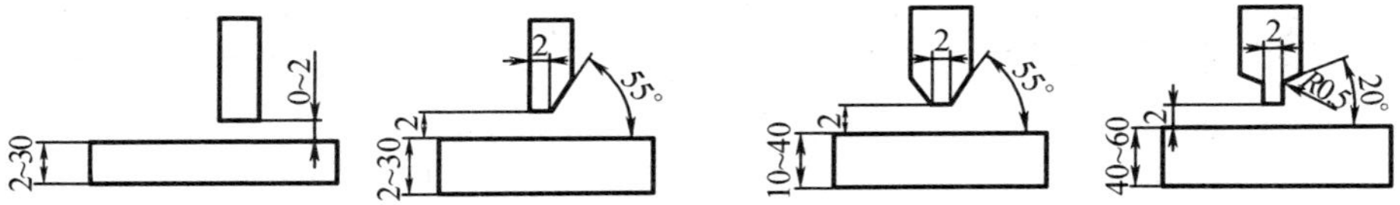 (a) I 形坡口　(b)带钝边 V 形坡口　(c)带钝边双单边 V 形坡口　(d)带钝边双 J 形坡口

表 3 - 2(续)

接头类型	特点	应用	图示
角接接头	角接接头是两焊件端部构成大于30°、小于135°夹角的接头。角接接头承载能力差,特别是当接头承受弯曲应力时,焊根易出现应力集中而造成根部开裂。因此常用于不重要的焊接结构	角接接头的许多特征与T形接头相似。它一般不开坡口,如需要也可根据焊件厚度开带钝边单边V形坡口、Y形坡口及带钝边双单边V形坡口(K形坡口)等	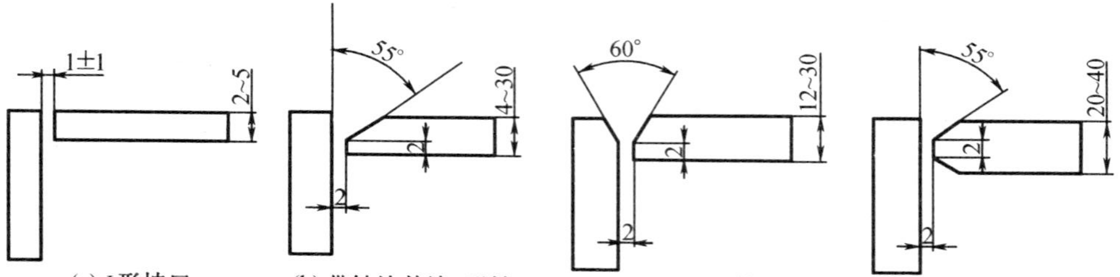 （a）I形坡口　（b）带钝边单边V形坡口　（c）Y形坡口　（d）带钝边双单边V形坡口
搭接接头	搭接接头是两焊件部分重叠构成的接头。搭接接头应力分布不均匀,疲劳强度较低,只适用于不重要的焊接结构,但其焊前准备和装配较简单	搭接接头有不开坡口、塞焊缝和槽焊缝等形式。不开坡口的搭接接头,一般用于12 mm以下钢板,其重叠部分为3～5倍板厚,常用在不重要的机构中。当结构面积较大时,常选用圆孔塞焊缝和长孔槽焊缝的接头形式	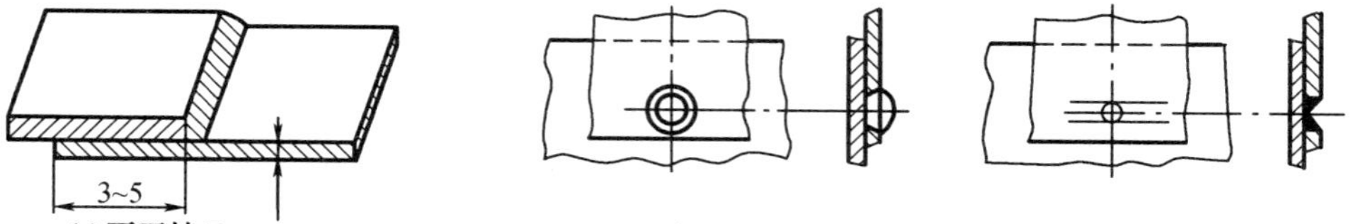 （a）不开坡口　（b）塞焊缝　（c）槽焊缝

表 3 – 3　不同厚度的钢板对接的厚度差范围表　　　　单位:mm

较薄板的厚度 δ_1	≥2 ~ 5	>5 ~ 9	>9 ~ 12	>12
允许厚度差($\delta - \delta_1$)	1	2	3	4

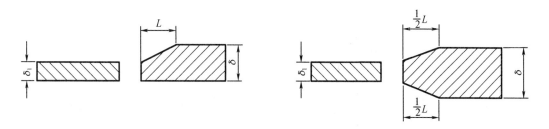

图 3 – 4　不同厚度钢板的对接示意图

六、坡口的加工

坡口的加工方法,需根据钢板厚度及接头形式而定,目前常用的加工方法有以下几种:

(1)氧 – 乙炔切割　是一种使用很广的坡口加工方法。

(2)碳弧气刨　是一种新的坡口加工方法。与风铲相比,具有效率高、劳动强度低的优点,并且能加工 U 形坡口,但刨边时烟雾多,噪声大。

(3)刨削　利用刨边机刨削,能加工形状复杂的坡口面,加工质量较好,适用于较长的直线形坡口面的加工。

(4)车削　对于较大圆筒形部件的环缝,可用卧式车床进行坡口面的加工,且质量较好。

第二节　焊缝形式与形状尺寸

一、焊缝形式

焊缝是焊接接头的一个组成部分,它是焊件经焊接后所形成的结合部分。

焊接时,按焊缝所处的空间位置划分,一般有平焊、立焊、横焊、仰焊等位置焊缝以及某些倾斜一定角度的焊缝。如水平固定管焊接,焊缝围绕管子一圈,所以有平焊、立焊、仰焊称为全位置焊接;还有倾斜于平焊、立焊、横焊、仰焊的焊缝,即倾斜平焊、倾斜立焊、倾斜横焊、倾斜仰焊等位置焊缝。

焊接时,按焊缝结合形式划分,一般有对接焊缝、角焊缝、塞焊缝。

对接焊缝　是指在焊件的坡口面间或一焊件的坡口面与另一焊件表面间焊接的焊缝。

角焊缝　是指沿两直交或近直交焊件的交线所焊接的焊缝。

塞焊缝　是指一块开有圆孔的焊件相叠在另一焊件上,然后在圆孔中焊接所形成的填满圆孔的焊缝。

二、焊缝的形状尺寸

焊缝的形状可用一系列几何尺寸来表示,不同形式的焊缝,其形状尺寸也不一样。

1.焊缝宽度

焊缝宽度是指焊缝表面两焊趾之间的距离。焊缝表面与母材的交界处叫焊趾。如图 3 – 5 所示。

2. 焊缝余高

焊缝余高是指超出母材表平面上面的那部分焊缝金属的最大高度。在动载荷或交变载荷下,余高对于焊接接头来说,不但没有起到加强作用,反而容易使焊趾处应力集中而引发脆断,所以余高不能过高,一般控制在为 0～3 mm 范围内,如图 3-6 所示。

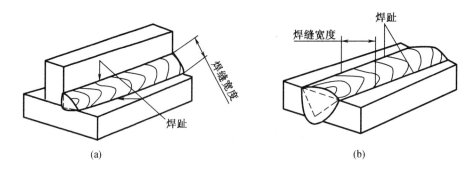

(a)   (b)

图 3-5 焊缝宽度示意图

（a）角焊缝的焊缝宽度；（b）对接焊缝的焊缝宽度

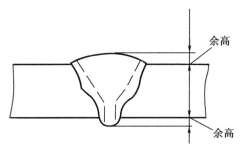

图 3-6 焊缝的余高示意图

3. 熔深

熔深是指在焊接接头横截面上,母材或前道焊缝熔化的深度,如图 3-7 所示。

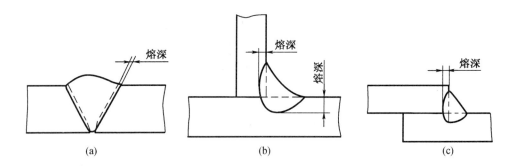

(a)   (b)   (c)

图 3-7 焊缝的熔深示意图

（a）对接接头的熔深；（b）T 形接头的熔深；（c）搭接接头的熔深

4. 焊脚

焊脚是指在角焊缝的横截面上,从一个直角面上的焊趾到另一个直角面表面的最小距离。焊脚尺寸是指在角焊缝的横截面中画出的最大等腰直角三角形中直角边的长度。如图 3-8 所示。

5. 焊缝的厚度

在焊缝横截面中，从焊缝正面到焊缝背面的距离，叫焊缝厚度。

焊缝设计厚度是设计焊缝时使用的焊缝厚度。对接焊缝焊透时它等于焊件的厚度；角焊缝时它等于角焊缝横截面内画出的最大等腰直角三角形中，从直角的顶到斜边的垂线长度，如图 3-8 所示。

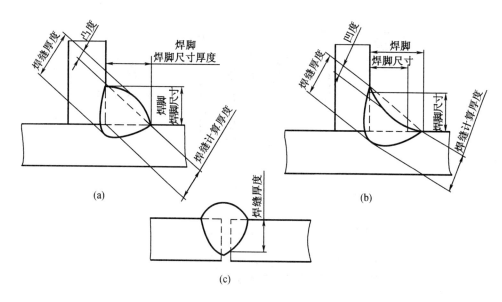

图 3-8　焊缝的焊脚与厚度示意图

（a）凸形角焊缝；（b）凹形角焊缝；（c）对接焊缝的厚度

6. 焊缝成形系数

熔焊时，在单道焊缝横截面上的焊缝宽度（C）与计算厚度（H）的比值（$\psi = C/H$）称为焊缝成形系数。焊缝成形系数大小对焊缝质量有较大影响。焊缝成形系数过小，焊缝窄而深，焊接时容易产生气孔和裂纹；焊缝成形系数过大，焊缝宽而浅，焊接时容易产生焊不透等现象，所以焊缝成形系数应控制在合理范围内，如图 3-9 所示。

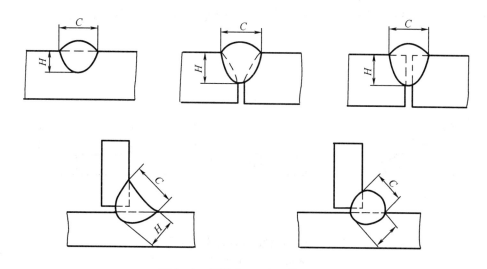

图 3-9　焊缝成形系数计算示意图

三、焊接位置

熔焊时,焊件接缝所处的空间位置叫焊接位置。焊接位置可用焊缝倾角和焊缝转角来表示,有平焊、立焊、横焊和仰焊位置等,如图 3 – 10 所示。

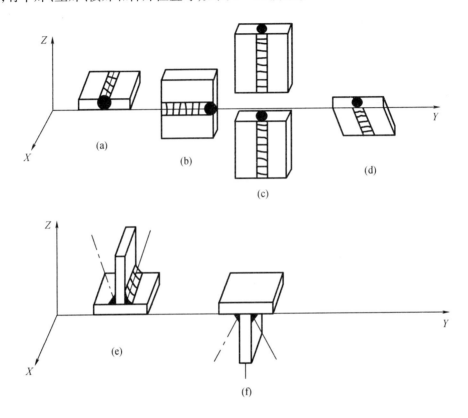

图 3 – 10 焊接位置示意图
(a)平焊;(b)横焊;(c)立焊;(d)仰焊;(e)平角焊;(f)仰角焊

焊缝倾角:表示焊缝轴线与水平面之间的夹角,如图 3 – 11(a)所示。

焊缝转角:焊缝中心线(焊根和焊缝表面中心的连线)和水平参照面的夹角,如图3 – 11(b)所示。

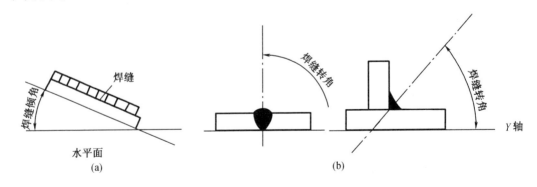

图 3 – 11　焊缝倾角与焊缝转角示意图
(a)焊缝倾角;(b)焊缝转角

第三节　焊缝代号

在图纸上标注焊接方法、焊缝形式和焊缝尺寸的符号称为焊缝代号。焊接方法一般不标注,只有在需要时可以在引出线尾部用文字进行标注。所以焊缝代号主要由基本符号、辅助符号、引出线和焊缝尺寸符号组成。

焊缝代号的国家标准是《GB324—80》,船舶焊缝代号是《GB860—79》。

一、基本符号

基本符号是表示焊缝横剖面形状的符号,它采用近似于焊缝横剖面形状的符号来表示,如表3－3所示。

表3－3　基本符号

序号	名称	图例	符号
1	卷边焊缝 (卷边完全熔化)		八
2	I形焊缝		‖
3	V形焊缝		∨
4	单边V形焊缝		┞
5	带钝边V形焊缝		Y
6	带钝边单边V形焊缝		⊦
7	带钝边U形焊缝		Ｕ

表 3 - 3（续）

序号	名称	图例	符号
8	带钝边 J 形焊缝		 ⊔
9	封底焊缝	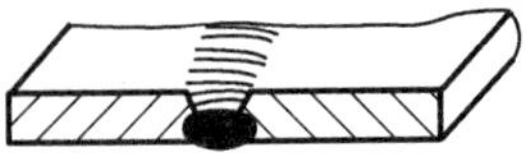	 ⌣
10	角焊缝	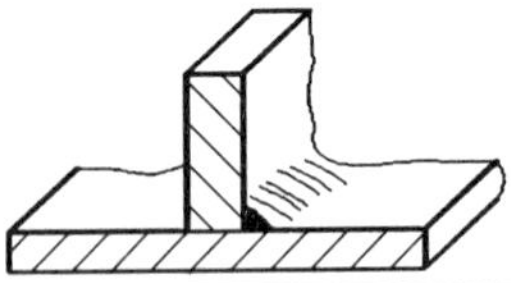	 ◹
11	槽焊缝或塞焊缝	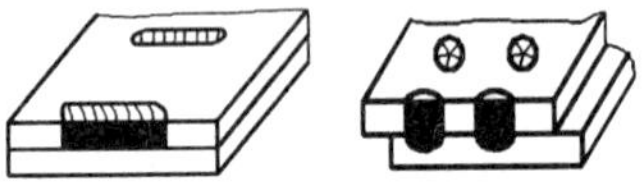	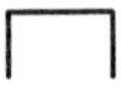 ⊓
12	点焊缝	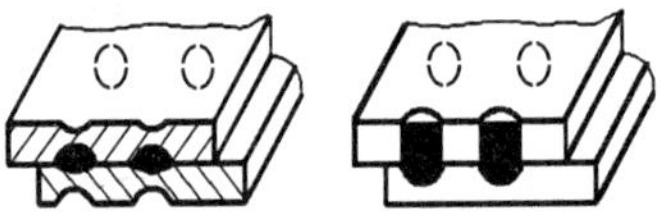	 ○
13	缝焊缝	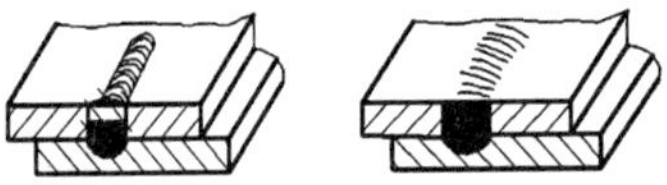	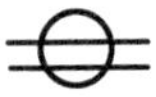 ⦵

二、辅助符号

辅助符号是表示对焊缝辅助要求的符号,如表 3 - 4 所示。

表 3 - 4 辅助符号

序号	名称	示意图	符号	说明
1	平面符号		—	焊缝表面齐平 （一般通过加工）
2	凹面符号	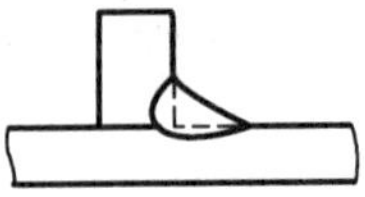	 ⌄	焊缝表面凹陷
3	凸面符号		 ⌢	焊缝表面凸起

表 3 – 4（续）

序号	名称	示意图	符号	说明
4	带垫板符号	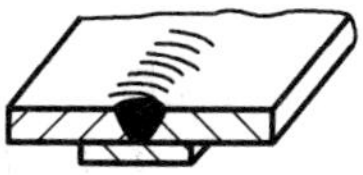	▭	表示焊缝底部有垫板
5	三面焊缝符号	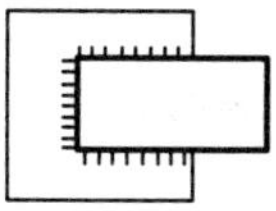	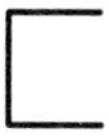 ⊏	表示工件三面带有焊缝
6	周围焊缝符号	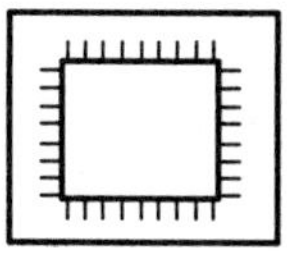	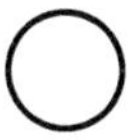 ○	表示环绕工件周围焊缝
7	现场符号		 ◤	表示在现场进行焊接

三、焊缝尺寸符号

焊缝尺寸一般的标注。如设计或生产需注明焊缝尺寸时才标注。焊缝尺寸符号如表 3 – 5 所示。

表 3 – 5　焊缝尺寸符号

序号	符号	名称	示意图
1	δ	工件厚度	
2	α	坡口角度	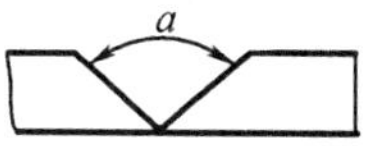
3	b	根部间隙	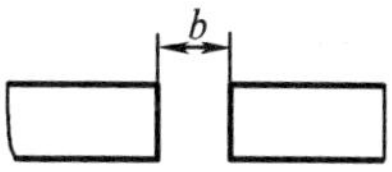
4	p	钝边	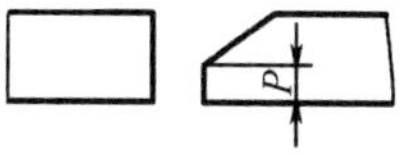

表 3 - 5（续）

序号	符号	名称	示意图
5	c	焊缝宽度	
6	R	根部半径	
7	L	焊缝长度	
8	e	焊缝间距	
9	K	焊脚	
10	d	熔核直径	
11	S	焊缝厚度	
12	N	相同焊缝数量符号	$N=3$
13	H	坡口深度	
14	h	余高	

四、焊缝符号的标注

1. 指引线的标注位置

带箭头的指引线相对焊缝的位置一般没有特殊要求,如图 3-12(a),(b)所示,但是在标注 V,Y,J 形焊缝时,箭头线应指向带有坡口一侧的工件,如图 3-12(c),(d)所示。必要时,允许箭头线折弯一次,如图 3-13 所示。

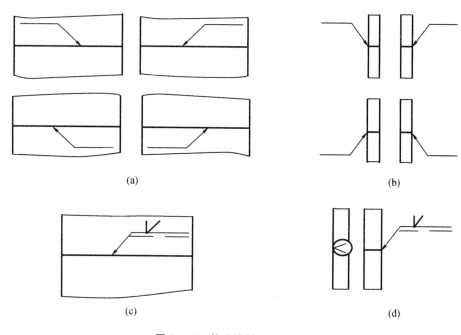

图 3-12　箭头线的位置示意图

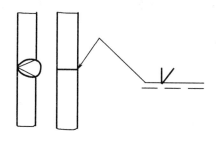

图 3-13　折弯的箭头线示意图

五、引出线

引出线是将图纸上的焊缝与焊缝代号连接在一起的线,由指引线与横线组成,如图 3-14所示。指引线指向有关焊缝处,横线应与主标题栏平行,焊缝符号标注在横线上。必要时可在横线末端加一尾部,作为其他说明之用。

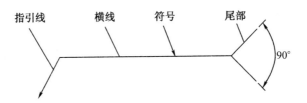

图 3-14　引出线示意图

六、基本符号的标注位置

1. 如果焊缝在箭头线所指的一侧时,则将基本符号标在基准线的实线侧,如图 3-15(a)所示。

2. 如果焊缝在箭头线所指的一侧的背面时,则将基本符号标在基准线的虚线侧,如图 3-15(b)所示。

3. 标注对称焊缝及双面焊缝时,可不加虚线,如图 3-15(c)、(d)所示。

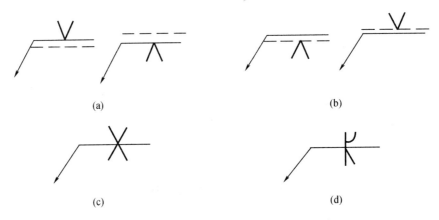

(a)　　　　　　　　　　　　　　　　(b)

(c)　　　　　　　　　　　　　　　　(d)

图 3-15　基本符号相对基准线的标注位置示意图

七、辅助符号的标注位置

辅助符号的标注位置如图 3-16 所示。

图 3-16　辅助符号的标注位置示意图

八、尺寸符号的标注位置

焊缝尺寸符号的标注位置如图 3-17 所示。

(1)焊缝横截面上的尺寸,标注在基本符号的左侧。

(2)焊缝长度方向的尺寸,标注在基本符号的右侧。

（3）坡口角度、坡口面角度、根部间隙等尺寸标注在基本符号的上侧或下侧。

（4）相同焊缝数量符号标注在基本符号的右侧。

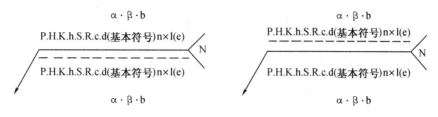

图3-17　焊缝尺寸的标注位置示意图

九、焊接方法及其分类号

焊接方法及其分类号见表3-6。

焊接方法分类号标注在基准线实线末端的尾部符号中，如图3-17所示。

表3-6　焊接方法及其分类号

焊接方法	分类号	焊接方法	分类号
电弧焊	1	电阻点焊	21
焊条电弧焊	111	电阻缝焊	22
重力焊	112	电阻对焊	25
埋弧焊	12	气焊	3
丝极埋弧焊	121	氧-乙炔气焊	311
带极埋弧焊	122	摩擦焊	42
熔化极氩弧焊	131	电渣焊	72
CO_2 气体保护焊	135	钎焊	9
钨极氩弧焊	141	硬钎焊	91
等离子弧焊	15	软钎焊	94

十、焊缝标注典型示例

焊缝标注的典型示例见表3-7。

表3-7　焊缝的标注示例

序号	焊缝形式	焊缝示意图	标注方法	焊缝符号释义
1	对接焊缝			坡口角度为60°、根部间隙为2 mm、钝边为3 mm且封底的V形焊缝，焊接方法为焊条电弧焊

表 3 –7(续)

序号	焊缝形式	焊缝示意图	标注方法	焊缝符号释义
2	角焊缝			上面为焊脚为 8 mm 的双面角焊缝,下面是焊脚为 8 mm 的单面角焊缝
3	对接焊缝与角焊缝的组合焊缝			表示双面焊缝,上面为坡口面角度为 45°、钝边为 3 mm、根部间隙为 2 mm 的单边 V 形对接焊缝,下面是焊脚为 8 mm 的角焊缝
4	角焊缝			表示 35 段,焊脚为 5 mm、间距为 30 mm、每段长为 50 mm 的交错断续角焊缝 注:符号"Z"表示交错、断续的焊缝

习　　题

一、填空题

1 按焊缝所处的空间位置不同可分为＿＿＿＿、＿＿＿＿、＿＿＿＿、＿＿＿＿＿位置。

2.焊缝的形状尺寸主要包括＿＿＿＿、＿＿＿＿、＿＿＿＿、＿＿＿＿、＿＿＿＿、＿＿＿。

3.常见焊接接头主要有＿＿＿＿、＿＿＿＿、＿＿＿＿四种基本类型。

4. 焊接接头包括＿＿＿＿、＿＿＿＿和＿＿＿。

5.焊接接头的坡口基本形式主要有 ＿＿＿＿、＿＿＿＿、＿＿＿＿、＿＿＿＿和＿＿＿＿ 5 种。

6.根据下列坡口几何尺寸的名称标注其符号:坡口角度＿＿＿＿、坡口面角度＿＿＿＿、根部间隙＿＿＿＿、钝边＿＿＿＿、根部半径＿＿＿＿、坡口深度＿＿＿＿。

7.对接钢板的厚度差超过允许值后,应对较厚板材进行 ＿＿＿＿,其长度为＿＿＿＿＿。

8.焊接时,按焊缝结合形式划分,一般有_____、_____、_____。

9.如果焊缝在箭头线所指的一侧时,则将基本符号标在基准线的_____。

10.在标注_____及_____时,可不加_____。

11.焊缝横截面上的尺寸,标注在基本符号的_____。焊缝长度方向的尺寸,标注在基本符号的_____。坡口角度、坡口面角度、根部间隙等尺寸标注在基本符号的_____或_____。相同焊缝数量符号标注在基本符号的_____。

12.根据焊接方法写出分类号:焊条电弧焊_____、重力焊_____、熔化极氩弧焊_____、CO_2 气体保护焊_____、钨极氩弧焊_____、丝极埋弧焊_____。

二、释义题

用文字解释下列图示符号的标注含义。

1.

2.

3.

4.

5.

6.

习题答案

一、填空题

1. 平焊　立焊　横焊　仰焊

2. 焊缝宽度　焊缝余高　熔深　焊脚　焊缝的厚度　焊缝成形系数

3. 对接接头　T 形接头　角接接头　搭接接头

4. 焊缝　熔合区　热影响区

5. I 形坡口　V 形坡口　单边 V 形坡口　U 形坡口　J 形坡口

6. α β　b　p　R　H

7. 削薄　$L \geqslant 3(\delta - \delta_1)$

8. 对接焊缝　角焊缝　塞焊缝

9. 实线侧

10. 对称焊缝　双面焊缝　虚线

11. 左侧　右侧　上侧　下侧　右侧

12. 111　112　131　135　141　121

二、释义题

1. 表示 V 形坡口垫板对接焊缝。

2. 表示现场施工角接接头周围焊缝。

3. 表示 V 形坡口封底对接焊缝,坡口角度为 60°、根部间隙为 2 mm、钝边为 3 mm。焊接方法为焊条电弧焊。

4. 表示上面为焊脚为 8 mm 的双面角焊缝,下面为焊脚为 8 mm 的单面角焊缝。

5. 表示双面焊缝,上面为坡口面角度为 45°、钝边为 3 mm、根部间隙为 2 mm 的单边 V 形对接焊缝,下面是焊脚为 8 mm 的角焊缝。

6. 表示 35 段、焊脚为 5 mm、间距为 30 mm、每段长为 50 mm 的交错断续角焊缝。

第四章　焊接应力与变形

焊接过程是一个局部不均匀加热和冷却的过程,它不仅对焊缝金属化学成分、性能以及热影响区的组织、性能有很大影响,还由于不均匀加热和冷却,使金属的膨胀和收缩各不相同,这样在焊接结构上产生了焊接应力和变形。焊接应力是造成裂纹的直接原因,会影响结构的承载能力。焊接变形不仅影响焊件的尺寸精度与外形,而且在焊后要进行大量复杂的矫正工作,严重的变形会导致焊件报废。因此学习和掌握焊接应力和变形的知识,对在焊接中预防和减少焊接应力和变形,保证焊接结构质量具有重要意义。

第一节　焊接应力与变形的形成

一、焊接应力与变形的一般概念

物体在受到外力作用时,会产生形状和尺寸的变化,这就称为物体的变形。物体的变形分为弹性变形和塑性变形两种。若外力除去后,物体能够恢复到原来的形状和尺寸的变形称为弹性变形,不能恢复的就称为塑性变形。在焊接过程中往往在没有外力的作用下,也会造成变形。

在外力作用下物体产生变形的同时,其内部出现一种抵抗变形的力,这种力称为内力。在单位面积上所承受的内力就称为应力。以下式表示:

$$\sigma = P/F$$

式中　σ——应力,MPa;

$\quad\quad P$——外力,N;

$\quad\quad F$——截面积,mm^2。

当然,应力并不都是由外力的作用引起的。如物体在加热膨胀或冷却收缩的过程中受到阻碍,就会在其内部出现应力。这种情况在不均匀加热或不均匀冷却过程中就会出现。在没有外力作用的情况下,物体内部所存在的应力称为内应力。这种应力存在于许多工程结构中,如铆接结构、铸造结构和焊接结构等。

由于焊接热过程是一个不均匀加热或不均匀冷却的过程,由此而引起的应力和变形称为焊接应力与焊接变形。

二、焊接应力与变形产生的原因

为了便于了解焊接应力与变形产生的原因,先对均匀加热时引起的应力与变形进行分析。

1. 均匀加热时引起应力与变形的原因

(1)自由状态的钢杆　当对钢杆均匀加热后,钢杆能自由地出现线膨胀和体膨胀,然后均匀冷却,钢杆将恢复到原来的形状和尺寸。这是因为在整个热胀和冷缩的过程中,钢杆始终处在自由无约束状态下,所以最终将不会出现应力和变形,如图4-1(a)所示。

（2）不能自由膨胀的钢杆　假设钢杆两端被阻于两壁之间,限制了它在加热时的伸长,而允许它在冷却时自由收缩。同时假设钢杆受纵向压力时不产生变形;两壁为绝对刚性,不产生任何变形和移动;整个钢杆均匀加热和冷却;钢杆和两壁之间没有热传导。如图4-1(b)所示。

①弹性变形状态　对钢杆进行加热,由于钢杆受热要伸长,而两端受刚性壁的阻碍,实际上没有伸长,但在内部产生了压应力。当这时的压应力没有达到钢杆材料的屈服强度,则钢杆的变形为弹性变形。此时若将钢杆冷却下来,钢杆中不再有压应力存在,能恢复到原来状态。

②塑性变形状态　继续对钢杆进行加热,当压应力达到钢杆材料的屈服强度以后,钢杆发生了塑性变形。此时若将钢杆冷却,就会发生钢杆长度比原来缩短的现象。

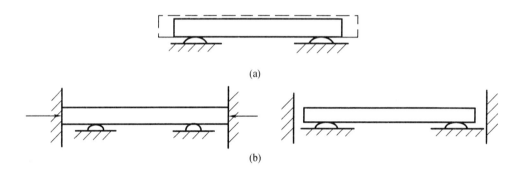

图4-1　钢杆在均匀加热和冷却时的变形图
(a)自由状态的钢杆;(b)不能自由膨胀的钢杆

2. 焊接过程引起应力与变形的原因

根据图4-2所示为例,分析钢板中间堆焊或对接焊接时的应力和变形产生的情况。

在焊接过程中,由于钢板经受了不均匀加热,导致加热温度呈现中间高、两边底的状况,如图4-2(a)所示。此时钢板的边缘上出现了拉应力,见图4-2(b)中钢板边缘被拉伸的 $\Delta L'$。钢板中间被压缩了,产生了压应力,同时还产生了压缩塑性变形。见图(a)中虚线围绕部分,其中虚线围绕的空白部分是塑性变形区域。

冷却时,由于钢板中间在加热时产生了压缩塑性变形,因此最后钢板长度要比原来短。理论上钢板中间的缩短如图(b)中虚线的形状,但是事实上由于钢板中间部分的收缩受到两边的牵制,所以实际的收缩变形如图4-2(c)中实线的部分。这样,冷却后的钢板总长缩短了 $\Delta L'$,在钢板的边缘出现了压应力,而在钢板中间,由于没有完全收缩,则出现了拉应力。

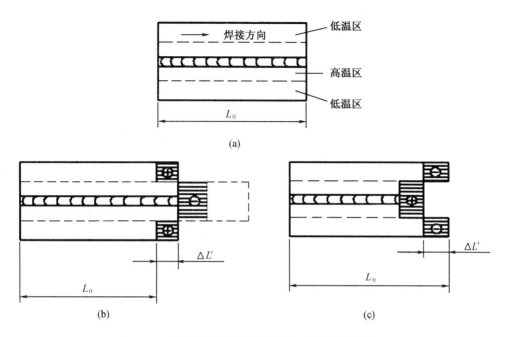

图 4 - 2　钢板中间堆焊或对接焊接时的应力和变形

（a）焊接时的温度分布；（b）加热过程；（c）冷却以后

⊕表示拉应力；⊖表示压应力

第二节　焊接应力

一、焊接应力分类

1. 应力可以按不同的方法来进行划分

（1）温度应力（也称热应力）　由于焊接时结构中温度分布不均匀引起的。如果温度应力低于材料的屈服强度，则结构中将不会生产塑性变形，当温度均匀后，应力即可消失。焊接温度应力的特点是随着时间而在不断地变化。

（2）凝缩应力　焊接时金属熔池从液态冷凝成固态，其体积收缩受到限制而形成的应力。这种应力可引起危害性很大的热裂纹。

（3）组织应力　焊接时由于金属温度变化而产生组织转变、晶粒体积改变所产生的应力。

2. 按应力存在的时间划分

（1）瞬时应力　焊接过程中某一瞬时结构内存在的应力。

（2）残余应力　焊接结束，结构金属完全冷却后仍然存在的内应力。它是由于温度应力超过了材料的屈服强度，使结构局部区域产生了塑性变形，冷却后而产生新的内应力继续存在于结构中，所以称为残余应力。

3.按应力作用的方向划分

（1）纵向应力 方向平行于焊缝轴线的应力。

（2）横向应力 方向垂直于焊缝轴线的应力。

4.按应力在空间的作用划分

按应力在空间作用的方向可分为单向应力、双向应力（平面应力）和三向应力（体积应力）。通常结构中的应力总是三向的,但有时在一个或两个方向上的应力值较另一方向上的应力值小得多时,可假定此应力为平面的或单向的。对接焊缝中的内应力如图 4 – 3 所示。

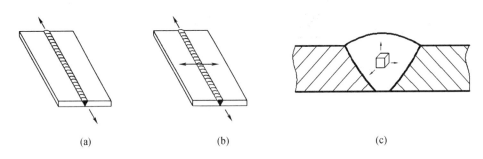

| (a) | (b) | (c) |

图 4 – 3 对接焊缝中的应力图

（a）单向应力；（b）平面应力；（c）三向应力

一般情况下,窄而薄的板材对接焊缝中的应力可以看成是单向的,中等厚度板材的对接焊缝中的应力可以看成是平面应力,而大厚度板材的对接焊缝以及交叉焊缝处的应力都是三向的。三向应力对结构的承载能力影响最大,焊接处容易产生裂纹。因此,在焊接生产中应尽量避免三向交叉焊缝的出现,必要时应对焊缝进行消除应力处理。

二、焊接应力的危害

1.造成焊接接头裂纹

在温度、组织及刚性拘束度的作用下,焊接应力达到一定值时,将成为各种热裂纹、冷裂纹及再热裂纹等产生的主要原因,影响结构的质量,造成潜在的危险,导致返修或者焊件报废。

2.降低结构的承载能力

构件内的焊接残余应力与工作应力相叠加。增加了构件承受的应力水平,也就是降低了结构的承载能力,甚至引起脆性断裂。

3.影响结构的疲劳强度

如果构件的残余应力为正值,则与外载应力叠加后,使整个应力循环提高,极限应力幅值将降低,即构件的疲劳强度降低;如果残余应力为负值,则平均应力将降低,极限应力幅值将提高,构件的疲劳强度将升高。

4.降低机械加工的精度

构件中如果存在残余应力,则在机加工时,随着材料的被切除,原来存在于这部分材料中的内应力也一起消失。这就破坏了原来构件中的平衡关系。当加工好的构件卸去夹具后,不平衡的应力便使构件产生新的变形,影响加工精度。另外,焊接残余应力还能降低构件抗应力腐蚀的能力和降低受压杆件的稳定性。

三、防止和减小焊接应力的工艺措施

1. 选择合理的装配和焊接顺序

正确地选择结构的装配和焊接顺序,是防止和减小焊接应力的主要工艺措施之一。下面介绍几个结构装焊过程中应遵守的原则。

(1)尽可能让焊缝自由收缩 减小焊接结构在施焊时的拘束度,尽可能让焊缝自由收缩,可以最大限度地减小焊接应力。

对大型焊接结构来说,焊接应从中间向四周对称进行。如图4-4所示,为大面积拼版时的焊接顺序。它是有许多平板拼接而成,考虑到焊缝的自由收缩,焊接时应从中间向四周依次进行。

(2)先焊收缩量大的焊缝 收缩量大的焊缝容易产生较大的焊接应力。对于一个焊接结构来说,通常是先焊的焊缝的收缩比较自由些,故焊后应力较小。

因此收缩量大的焊缝先焊就可以减小焊接应力。另外,因对接焊缝的收缩量比角接焊缝的收缩量大,故当同一结构这两种焊缝并存时,应尽量先焊对接焊缝。图4-4所示应先焊错开的短焊缝,后焊直通的长焊缝,以减小由于横向收缩受阻引起的焊接应力。

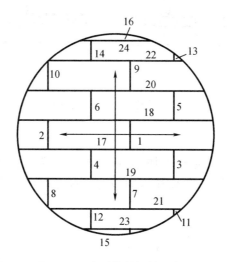

图4-4 大型拼版焊接顺序图

(3)焊接平面交叉焊缝时应先焊横向焊缝 在焊平面交叉焊缝时,在焊缝交叉点上会产生较大的焊接应力。在设计中应尽量避免交叉焊缝,如不可避免,应采用合理的焊接顺序以减小焊接应力。图4-5所示为T字焊缝和十字焊缝的合理施焊顺序。除考虑施焊顺序外,同时还要注意焊缝的起弧和熄弧应避开交叉点,或者虽然在交叉点上,但在焊相交的另一条焊缝前,应将其铲除。因为焊缝的起弧和熄弧处质量低劣,可能有未焊透等缺陷,当其处于纵横焊缝收缩的作用下,便会出现裂纹。

2. 选择合理的焊接工艺参数

根据焊接结构的具体情况,应尽可能采用较小的焊接工艺参数,如采用小直径的焊条和偏低的电流,或虽电流较大但焊速较快,以减小焊件的受热范围,从而减小焊接应力和焊接变形。

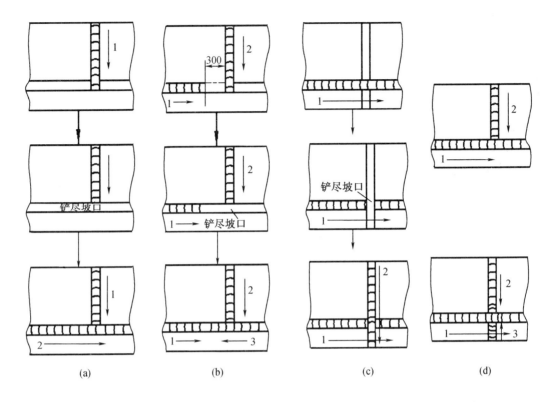

图 4 - 5　平面交叉焊缝的焊接顺序图

3. 预热法

在焊接前对焊件进行全部或局部加热,减小焊接区域与结构整体的温差,使焊缝区域与结构整体尽可能地均匀冷却,从而减小内应力。预热温度的高低要根据焊件材料的性质、厚度以及周围环境温度等来确定。

4. 加热"减应区"法

在焊接或焊补刚性较大的焊接结构时选择结构的适当部位进行加热使之伸长,然后再进行焊接,这样可大大减小焊接应力,这个加热部位就叫作"减应区"。其原理就是减小焊接区与构件上阻碍焊接区自由伸缩部位(减应区)之间的温度差,使他们尽量均匀地加热和冷却,以减小焊接残余应力,如图 4 - 6 所示

5. 敲击法

焊缝金属由于在冷却收缩时受阻会产生拉伸应力,为减小这种应力,在焊后的冷却过

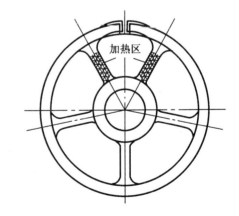

图 4 - 6　为轮缘断口焊接采用加热"减应区"法

程中,用锤敲击焊缝金属,使焊缝金属产生塑性变形,以抵消焊缝的部分收缩量,从而起到减小焊接应力的作用。锤击最好是在焊缝金属塑性较好的热态时进行。为了保持美观,最后一层焊缝一般不锤击,其余各层每焊完一道立即锤击。

第三节　焊　接　变　形

构件经焊接后,常会出现局部或整体尺寸及形状的改变,称为焊接残余变形。

一、焊接残余变形的形式

1. 纵向收缩变形

焊缝纵向收缩引起结构尺寸的纵向缩短,称为纵向收缩变形。焊缝纵向收缩量一般是随焊缝长度的增加而增加的。

多层焊时,第一层引起的收缩量最大,这是因为焊第一层时,焊件的刚性较小;第二层的收缩量大约为第一层收缩量的20%;第三层大约是第一层的5%～10%,最后几层更小。

在夹具固定条件下焊接,焊缝的收缩量比没有夹具固定条件下的收缩量可减小40%～70%,但焊后结构内部将存在较大的残余应力。

2. 横向收缩变形

构件焊后产生的横向变形主要是横向缩短,由于焊接是不均匀加热,在加热部位的金属温度很高,产生了膨胀,而四周没加热的金属阻碍其膨胀,使它产生了压缩塑性变形,冷却后产生了横向缩短。一般对于对接焊来说,它的横向收缩与板材厚度及坡口形式有关系,随着板厚的增加,横向收缩量也增加;相同板厚,坡口角度越大,则横向收缩量也越大。V型坡口比同厚度的X型坡口或U型坡口的横向收缩量大。

3. 弯曲变形

弯曲变形主要是由于结构上焊缝分布不对称或焊件断面形状不对称,焊缝产生横向或纵向收缩引起结构轴线弯曲所产生的。弯曲变形的大小通常是以挠度 f 来度量的,即焊件的中心轴偏离原焊件中心轴的最大距离,如图4-7所示。挠度 f 越大,弯曲变形也越大。

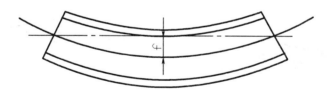

图4-7　弯曲变形的度量

图4-8所示是组合T型材焊接时的变形情况。焊缝不对称,构件截面形状也不对称中和轴,当焊接时,由于焊缝的纵向收缩变形引起T型材腹板中和轴两边的长度不等,产生弯曲。这就是由纵向收缩变形而引起的弯曲变形。图4-9所示是横向收缩变形引起弯曲变形的情况。图中为工字梁,其下部焊有防倾肘板,由于肘板与工字梁腹板的角焊缝的横向收缩,引起中和轴下面腹板长度缩短,使整体结构产生弯曲。

4. 角变形

焊接时,温度场沿板厚方向分布不均匀以及多层焊时各层的收缩不一致,致使板材绕焊缝轴线旋转一个角度,这种现象称为角变形。

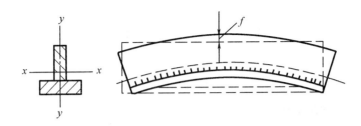

图 4-8   纵向收缩变形引起的弯曲变形

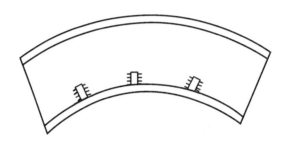

图 4-9   横向收缩变形引起的弯曲变形

角变形一般在单面焊接较厚板时,由于温度高的一面受热膨胀较大,产生的压缩塑性变形也较大,温度低的一面,膨胀小甚至不膨胀,其压缩塑性变形也小。因此,冷却时产生的横向收缩变形沿板厚方向也不一样,焊接的一面收缩大,另一面则小,最终出现了变形情况。

实例 1   对接焊缝单面焊接的角变形情况如图 4-10 所示。

实例 2   角焊缝单面焊接的角变形情况如图 4-11 所示。

图 4-10   对接焊缝单面焊接的角变形

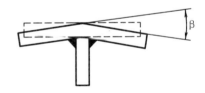

图 4-11   角焊缝单面焊接的角变形

角变形的大小与焊缝截面、焊接规范、接头型式、坡口角度等因素有关。如果焊接能量大。对薄板来说,温度沿板厚方向分布更加均匀,角变形减小;而对厚板来说,温度分布仍不均匀,而受热面的压缩塑性变形的增加,反而增加了角变形。如果增加焊件厚度,由于其刚性增大很多,角变形又会减小。V 型坡口角变形较大,X 型坡口由于两面对称,角变形较小。

5. 波浪变形

波浪变形主要出现在薄板焊接结构中。产生原因有两种:一种是由于焊缝的纵向缩短对薄板边缘的压应力超过一定数值时,板材就会出现波浪形式的变形,如图 4-12(a)所示;另一种是由于角焊缝的横向收缩不均匀引起的角变形造成的,如图 4-12(b)所示。

一般压应力越大,薄板的宽度与厚度之比越大,就越容易产生波浪变形。而压应力随焊缝尺寸和焊接热输入的增加而增加。因此,减小焊缝尺寸和焊接热输入,都能降低波浪变形的程度。

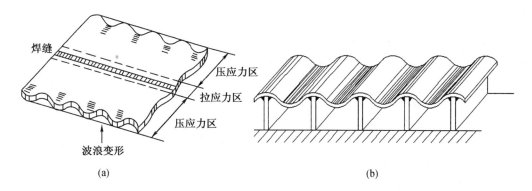

图 4 – 12　焊接后的波浪变形

6. 扭曲变形

构件焊接后产生的扭曲称为扭曲变形。如图 4 – 13 所示为扭曲变形的实例。

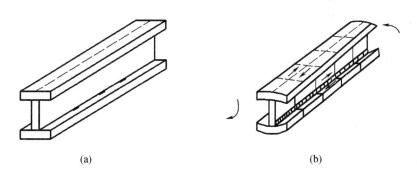

图 4 – 13　焊接工字梁的扭曲变形

(a)焊接前的工字梁;(b)焊接后的工字梁

扭曲变形是由焊缝的纵向和横向收缩所引起的。它与角焊缝所造成的角变形沿焊接方向逐渐增大的现象有关。如焊件装配质量不好,工件搁置不当以及焊接程序和焊接方向不合理等都可能引起扭曲变形。

通过对上述几种基本变形形式的分析可知:焊后焊缝产生的纵向和横向缩短是引起各种形式的变形和焊接应力的根本原因。同时,焊缝的缩短能否转变成各种形式的变形还跟焊缝在结构中的位置、焊接顺序、焊接方向等因素有关。

二、焊接变形的危害

焊接变形的危害主要是降低装焊质量,影响结构的承载能力,在外载作用下局部可能会产生应力集中和附加应力,降低结构的安全系数。过大的焊接变形有时会使得焊接工作无法继续进行,影响下一道工序。有的变形经过人工矫正还可消除,严重的将无法矫正,致使焊件报废,造成浪费。

三、影响焊接变形的因素

1. 焊缝在结构中的位置

焊缝在结构中布置得不对称,是造成焊接结构弯曲变形的主要因素。当焊缝处在焊件截面中心轴一侧时,由于焊缝的收缩变形,焊件将向焊缝一侧弯曲。焊缝离中心轴越近,弯曲变形越小,焊缝离中心轴越远,弯曲变形越大。对于复杂的船体结构,中心轴上下都有许多焊缝,且距中心轴的距离也各不相同,因此很容易产生焊接结构的整体弯曲变形。所以在结构设计时,应尽量使焊缝的分布对称舭剖面的中心轴,尽量避免在容易产生变形的方向或应力集中的位置布置焊缝。

2. 焊接结构的刚性和几何尺寸

金属结构在外力作用下将产生变形,变形的大小取决于结构的刚性。在同样大小的力作用下,刚性大的结构变形小,刚性小的结构变形大。

结构刚性的大小主要取决于结构截面的形状和尺寸的大小。通常,结构的刚性可以用抵抗拉压的刚性、抵抗弯曲的刚性和抵抗扭曲的刚性三个指标来衡量。

(1)抵抗拉压的刚性　取决于结构横截面积的大小,截面积越大,抵抗拉压变形的能力越强,变形就越小。

(2)抵抗弯曲变形的刚性　取决于结构横截面的形状和尺寸的大小。截面积越大,结构抗弯曲变形的刚性越大,在同样截面形状和大小时,结构抵抗弯曲变形的刚性还取决于截面惯性矩。

(3)抵抗扭曲的刚性　与抗弯曲变形的刚性相类似,取决于结构横截面的形状和尺寸的大小,还有截面形状是否封闭。若是封闭式的,则抗扭曲能力强,不封闭的抗扭曲能力弱。

综上所述,短而粗的焊接结构抗弯,刚性大;细而长的焊接结构抗弯刚性小。

3. 焊接结构的焊接顺序

焊接结构的刚性是在焊接过程中逐渐增大的,即结构整体刚性总是比它的部件刚性大。因此,在生产中可根据结构的具体情况和要求,采用合理的焊接顺序,控制焊接变形,使焊后的构件变形明显减小。图 4 – 14 为较厚板 X 型坡口的对接接头的焊接顺序实例:

若按(a)的合理焊接顺序,可有效控制焊件的角变形。

若按(b)的不合理焊接顺序,焊后便会产生较大的角变形。

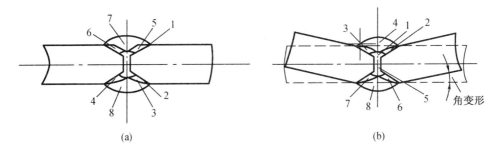

图 4 – 14　X 型坡口对接接头的角变形

(a)合理的焊接顺序;(b)不合理的焊接顺序

4.焊接层数

焊接层数也影响到焊接应力和变形的大小。多层焊接时,第一层焊缝引起的收缩量最大;第二层焊缝的收缩量约为第一层的20%;第三层焊缝的收缩量约为第一层的5%～10%。由于第一层的熔敷金属量少,热量分布均匀,同时焊接后一层焊缝时,前层焊缝对后层焊缝的收缩有牵制作用,因此在焊接刚性大的结构时,常采用多层焊或多层多道焊工艺,以减少结构的焊接应力和变形。

5.其他因素

除了以上所述的几种主要因素外,影响焊接变形的因素还有焊接材料的线膨胀系数、焊接方法、焊接工艺参数和焊接方向等。

线膨胀系数 α 大的材料,焊后收缩变形也大。焊接热源能量越集中,焊接速度越快,变形就越小。所以,一般是在保证焊件焊透的情况下,采用线能量较小的焊接工艺参数。

焊接方向对变形的影响要视具体结构而定,同一道焊缝,可以采用不同的方向进行焊接,结果也会引起不同的变形和应力状态。

总之,影响焊接变形的各种因素并不是孤立作用的,焊接变形是各种因素综合作用的结果,这就要求在生产设计过程中进行综合考虑,以便找出较合理的措施来减小焊接变形。

四、防止和减小焊接变形的工艺措施

1.选择合理的焊接顺序

焊接结构的焊接顺序对结构的应力和变形都有较大的影响。对于同样的一个焊接结构,采用不同的焊接程序,焊接后产生的变形情况是不一样的。因此,在施工设计时,应遵循以下原则,制定严格的焊接程序,防止和减小结构的焊接变形。

(1)焊接对称焊缝时,尽可能采用对称焊接法

对称结构的焊缝一般情况下也是对称的,对这种结构应尽量采用对称焊接,由两名或多名焊工同时进行对称焊接。最大限度地减少由于先焊焊缝在焊件刚性较小时造成变形。

(2)焊接不对称焊缝时,应先焊焊缝少的一侧

焊接不对称焊缝的结构,应先焊焊缝少的一侧,后焊焊缝多的一侧。这样可使后焊时所造成的变形足以抵消先焊一侧的变形,以减少结构的总体变形。

(3)结构中同时存在对接缝和角焊缝时,应先焊收缩量大的对接缝,后焊收缩量小的角焊缝。因为先焊的焊缝在收缩时受到的阻力比较小,可以使结构自由地收缩。

(4)采用不同的焊接顺序

对于结构中的长焊缝,如果采用直通焊,将会产生较大的变形,这是因为焊缝加热时间过长的缘故。所以应尽可能将连续焊改成分段焊,并适当改变焊接方向,以减小总体变形。图4-15所示为对接焊缝的不同焊接顺序。长度在1m以上的焊缝,可采用分段退焊法、分中分段退焊法、跳焊法和交替焊法;长度在0.5～1m的焊缝可采用分中对称焊法。每段的长度以100～350mm为宜。如只有一名焊工焊接时,采用图中(e)的方法。

2.反变形法

反变形法是根据结构焊后可能产生的变形情况,预先把焊件人为地制成一个大小相等、方向相反的变形,使焊件焊后变形很小,甚至完全消除,如图4-16所示。反变形的大小由经验来确定。反变形法在焊接生产中应用很广泛,只要反变形值给得合适,就能得到较满意的焊后形状。

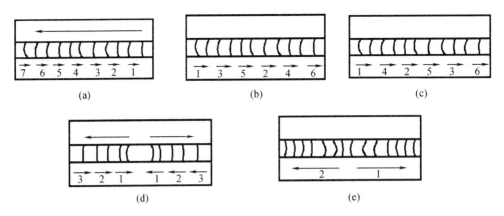

图 4 - 15   几种焊接顺序示例

(a)分段退焊法;(b)交替焊法;(c)跳焊法;(d)分中分段退焊法;(e)分中对称焊法

3.刚性固定法

刚性固定法就是焊前将焊件固定,以增大其刚性,使其在焊接时不能自由移动,当焊后完全冷却后再放开来减小焊接变形。刚性固定法根据结构形式不同有不同的固定方法,常用的有定位焊法、工夹具法、加装"马"板或加放压铁等。

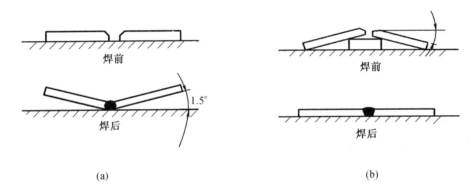

图 4 - 16   反变形法控制焊接变形示例

(a)未预留反变形;(b)预留反变形

4.散热法

散热法又称强迫冷却法。就是把焊件焊接处的热量迅速散失,使焊件迅速冷却,减小焊缝附近金属的受热区域,从而减小焊接变形。

散热法有多种。有的将焊件浸在水中,让焊接处露出水面;也有用紫铜块贴紧焊件背面,增加热量的散失,但散热法对淬火倾向性大的材料容易产生裂纹,故很少使用。

第四节   金属结构的焊接工艺处理

焊接结构生产时,应根据金属材料的性质和焊接性不同,以及焊接应力与变形等影响因素。采取必要的工艺措施和工艺方法,来保证焊接结构质量,适应使用需要。

一、焊接工艺措施

1. 预热

焊接开始前对焊件的全部（或局部）进行加热的工艺措施称为预热。按照焊接工艺的规定，预热需要达到的温度叫作预热温度。

（1）预热的作用

①预热的主要作用是降低焊后冷却速度。对于给定成分的钢种，焊缝及热影响区的组织和性能取决于冷却速度的大小。对于易淬火钢，预热可以减小淬硬程度，防止产生焊接裂纹。

②预热可以减小热影响区的温度差别，在较宽范围内得到比较均匀的温度分布，有助于减小因温度差别而造成的焊接应力。

③对于刚度不大的低碳钢、强度级别较低的低合金钢的一般结构一般不必预热，但焊接有淬硬倾向的焊接性不好的钢材或刚度大的结构时，需焊前预热。但是，对于铬镍奥氏体钢，预热可使热影响区在危险温度区的停留时间增加，从而增大腐蚀倾向。因此，在焊接铬镍奥式体不锈钢时，不可进行预热。

（2）预热温度的选择

焊件焊接时是否需要预热，以及预热温度的选择，应根据钢材的成分、厚度、结构刚性、接头形式、焊接材料、焊接方法及环境因素等综合考虑，并通过焊接性试验来确定。一般钢材含碳量越多、含合金元素越多、母材越厚、结构刚度越大、环境温度越低，则预热温度越高。

在多层多道焊时，还要注意层间温度（也称道间温度）。所谓道间温度就是在施焊后继焊道之前，其相邻焊道应保持的温度。道间温度不应低于预热温度。

（3）预热方法

预热时的加热范围，对于对接接头每侧加热宽度不得小于板厚的5倍，一般在坡口两侧各75～100 mm范围内应保持一个均热区域，测温点应取在均热区域的边缘。如果采用火焰加热，测温最好在加热面的反面进行。预热的方法有火焰加热、工频感应加热、红外线加热等方法加热。在结构刚性很大的情况下进行局部预热，应注意加热部位，避免造成很大的热应力。

2. 后热

焊接后立即对焊件的全部（或局部）进行加热或保温，使其缓慢冷却的工艺措施叫后热。起到与预热相似的作用，但它不等于焊后热处理。

（1）后热的作用

后热的作用是避免形成淬硬组织以及使氢逸出焊缝表面，防止裂纹产生。对于冷裂纹倾向性大的低合金高强度钢等材料，还有一种专门的后热处理，称为消氢处理，即在焊后立即将焊件加热到250～350 ℃温度范围，保温2～6 h后空冷。

消氢处理的目的，主要是使焊缝金属中的扩散氢加速逸出，大大降低焊缝和热影响中的氢含量，防止产生冷裂纹。消氢处理的加热温度较低，不能起到松弛焊接应力的作用。对于焊后要求进行热处理的焊件，因为在热处理过程中可以达到除氢目的，不需要另作消氢处理。但是，焊后若不能立即热处理而焊件又必须及时除氢时，则需及时作消氢处理，否则焊件有可能在热处理前的放置期间产生裂纹。

（2）后热的方法

后热的加热方法、加热区宽度、测温部位等要求与预热相同。

3. 焊后热处理

焊后为改善焊接接头的组织和性能或消除残余应力而进行的热处理,叫焊后热处理。

（1）焊后热处理的作用和种类

焊后热处理的主要作用是消除焊接残余应力,软化淬硬部位,改善焊缝和热影响区的组织和性能,提高接头的塑性和韧性,稳定结构的尺寸。

最常用的焊后热处理是在 600 ~ 650 ℃ 范围内的消除应力退火和低于 A_{c1} 点温度(723 ℃)的高温回火。另外还有为改善铬镍奥式体不锈钢抗腐蚀性能的均匀化处理等。

（2）焊后热处理工艺及方法

①整体热处理

将焊件置于加热炉中整体加热处理,使它内部由于残余应力的作用而产生一定的塑性变形,然后随炉缓慢冷却,能消除 80% ~ 90% 的焊接残余应力,改善焊接接头的组织和性能,得到满意的处理效果。

②局部热处理

对于尺寸较大不能进行整体处理的结构,可以进行局部热处理。以降低焊接结构内部残余应力峰值,使应力分布趋于平缓,起到部分消除应力的作用。局部热处理时,应保证焊缝两侧有足够的加热宽度,一般不应小于焊件厚度的 4 倍,并且在加热宽度范围内各点均应达到规定的温度。冷却时,应采取措施缓慢冷却,达到消除焊接残余应力的目的。

局部热处理常采用火焰加热、红外线加热、工频感应加热等加热方法。

（3）焊后热处理的应用

出现下列情况的一般应考虑焊后热处理:

①母材金属强度等级较高,产生延迟裂纹倾向较大的普通低合金钢。

②处在低温下工作的压力容器及其他焊接结构,特别在脆性转变温度以下使用的压力容器。

③承受交变载荷工作,要求疲劳强度高的构件。

④大型受压容器。

⑤有应力腐蚀和焊后要求几何尺寸较稳定的焊接结构。

二、焊接变形的矫正

1. 机械矫正

机械矫正就是利用机械力的作用来矫正结构焊后的变形,一般可用矫平机或压力机来进行。如图 4 – 17 所示。

矫正薄板的波浪变形可以采取手工锤击焊缝区的方法,使焊缝区得到延伸,从而消除焊缝区因纵向缩短而引起的波浪变形。为了避免在钢板或焊缝表面留下印痕,可在焊件表面垫上平锤,然后进行锤击。

2. 火焰矫正

火焰矫正又叫"火工矫正"。它是利用不均匀加热所产生新的变形来抵消已经产生的焊接变形。其原理是将被矫正部位局部加热,使加热区产生压缩塑性变形,冷却后产生拉应力,来矫正原来的变形。

决定火焰矫正效果的因素主要是火焰加热的位置和火焰热量。不同的加热方式可以矫正不同方向的变形。不同的加热量可以获得不同的矫正量。一般情况下,热量越大,矫正能力越强,矫正变形量越大。但最重要的是定出正确的加热位置,因此加热位置不恰当,往往会得到相反的结果。

(1)点状加热　根据结构特点和变形情况,可以一点或多点加热。多点加热常用梅花式,如图4-18所示。为了提高矫正效率,可以在加热完每个点后就立即用木槌敲击加热点,或沿加热点周围用水急冷并锤击。这种方法常用于薄板波浪变形的矫正。加热点的分布和大小根据板厚的不同,一般直径 d 在15~60 mm之间选用;加热点之间的距离 L 根据变形的大小,一般在50~100 mm之间。如船舶上层建筑的焊接变形常用此法矫正,俗称"打包"。

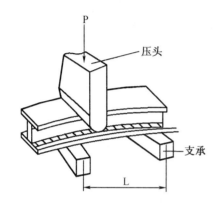

图4-17　工字梁焊后变形的矫正

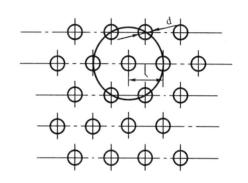

图4-18　点状加热示意图

(2)线状加热　火焰沿直线方向移动,为了使加热线增宽,也可同时作横向摆动,形成带状加热,如图4-19所示。加热线横向收缩一般大于纵向收缩。因此,应尽可能发挥加热线横向收缩的作用。横向收缩量随加热线的宽度增加而增加。加热线宽度一般为钢板厚度的0.5~2倍。线状加热多用于变形量较大或刚性较大的结构,同点状加热相比,线状加热效率高,质量也较好。

(3)三角形加热　三角形加热即加热区呈三角形。加热部位是在弯曲变形构件的凸缘,三角形的底边在被矫正构件的边缘,顶点朝内。由于三角形加热面积较大,所以收缩量也较大,尤其在三角形底部。这种方法常用于矫正厚度较大、刚性较强的构件的弯曲变形。如船体结构的强肋骨和纵绗等焊接T型材的弯曲变形矫正,如图4-20所示。

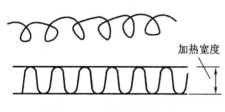

图4-19　线状加热方式图

图4-20　T字焊接梁的三角形加热示意图

(4)水火矫正法　水火矫正法能提高矫正变形的效率,并可用于双曲面板材的加工成型。此法在对结构或钢板进行火焰线状加热的同时,用水急冷,其效率可提高3倍以上。但必须注意火焰与水管之间的距离配合,以控制加热后的浇水温度。一般常规板材矫平时,加热温度为 600~800 ℃,火焰与水管之间的距离在 25~30 mm。如对普通低合金钢板的矫平,因为材料有不同程度的淬火倾向,操作时可根据不同的钢种把水火的距离拉得稍远些。

应该指出,用火焰矫正变形的方法,并不是对所有钢材都适用,如对加热后其性能会发生变化的调质刚时,则不能使用。

3. 机械与火焰综合矫正

在有些情况下,同时采用机械和火焰两种方法矫正焊接变形可以收到更好的效果。如船体双层底分段。采用正造法建造的分段焊后变形为半宽缩小、两舷侧上翘;而采用反造法建造的分段焊后变形方向则相反。矫正时若单独采用机械法或火焰法效果都不明显,这时可综合两种方法。将分段翻身搁置在蹲木上,在分段中部重物载荷,同时再在适当位置用火焰进行加热。

习　题

一、判断题

1. 内应力的特点是在没有外力作用下产生的。(　　)

2. 焊接后,在焊接构件内部产生的应力称为焊接应力。(　　)

3. 金属棒在加热时,若被阻碍产生过压缩塑性变形,则冷却后必定会产生缩短变形。(　　)

4. 焊件在自由状态下加热和冷却而产生的变形称为自由变形。(　　)

5. 焊缝的纵向收缩是随着焊缝长度的增而增加的。(　　)

6. 焊件上产生的应力都是压应力。(　　)

7. 焊接应力和变形在焊接过程中是必然要产生的,是无法避免的。(　　)

8. 平板工件纵缝对焊接后,只会产生纵向焊接应力和变形,而不会产生横向焊接应力和变形。(　　)

9. 角焊缝的横向收缩要比对接缝大。(　　)

10. 焊缝越长,则其纵向收缩的变形量越大。(　　)

11. 对接缝的横向收缩量随着焊件板厚的增加而减小。(　　)

12. 当焊件刚性或外力拘束度较小,焊接过程中焊件能比较自由地热胀和冷缩时,则焊接变形较大,而焊接应力较小。(　　)

13. 焊件的纵向和横向焊接应力和变形,在焊接过程中是同时产生的。(　　)

14. 同样厚度的焊件采用单道焊比多层焊可以减少焊接应力和变形。(　　)

15. 弯曲变形的大小是以弯曲的角度来进行衡量的。(　　)

16. 若焊缝堆成与焊件的中性轴,则焊后焊件不会产生弯曲变形。(　　)

17. 一般焊缝的压应力越大,薄板的宽度与厚度之比越大,就越易失稳而产生波浪变形。(　　)

18. 应避免焊缝密集或布置在应力集中处,也不要布置在结构件线型曲率较大的部位。(　　)

19. 在大面积多列并板接缝中,有端接缝和边接缝时,应先焊端接缝,后焊边接缝。(　　)

20. 焊件的装配间隙越大,横向收缩量也越大。(　　)

21. 采用分中对称焊法可以减少焊件的波浪变形。(　　)

22. 消除波浪变形最好的方法是将焊件焊前进行反变形。(　　)

23. 采用刚性固定法后,焊件就不会产生焊接变形。(　　)

24. 逐步退焊法虽可减少焊接变形,但同时会增加焊接应力。(　　)

25. 锤击焊缝可以减小模型焊接接头的焊接应力和变形。(　　)

26. 锤击焊缝时,必须用小锤对每一层焊缝进行锤击。(　　)

27. 为减少焊接应力,应先焊结构中收缩量最小的焊缝。(　　)

28. 冷却法只用来减少焊件的焊接变形,但对具有淬火倾向的钢材不宜采用。(　　)

29. 对合金钢材料的零部件,常采用预热法来减少焊后的残余应力。(　　)

30. 焊件焊后进行整体高温回火,不但可消除大部分焊接应力,且可消除焊接变形。(　　)

31. 焊件焊后进行热处理后,就不必再进行后热处理。(　　)

32. 机械矫正法主要适用于对简单构件、板材等焊接后残余变形的矫正。(　　)

33. 火焰点状加热法采用木锤锻打工件加热点的同时,还应锤击加热垫四周的冷金属。(　　)

34. 火焰加热温度越高,则矫正变形的效果越大,所以采用火焰矫正法时,加热温度越高越好。(　　)

35. 对于厚度较大和刚性较强的构件,可用三角形加热法来矫正弯曲变形。(　　)

36. 水火矫正法主要用于各种钢材的双曲面板材的加工成形。(　　)

37. 铬镍奥氏体钢,由于合金成分较多,焊接性不好,焊接前需采用较高的预热温度。(　　)

38. 局部热处理的加热宽度,一般不应小于焊件厚度的 4 倍。(　　)

39. 焊接不对称焊缝时,应先焊焊缝多的一侧,以加强结构强度,防止变形。(　　)

40. 结构截面积越大,抵抗拉压变形的能力越强,变形就越小。(　　)

二、填空题

1. 变形分为_____变形和_____变形两种。物体不能恢复到原来形状和尺寸的变形称为_____变形。

2. 焊接应力根据在空间的位置不用,可分为_____、_____和_____三种;根据形成的原因不同,可分为_____、_____和_____三种。

3. 焊接应力和变形产生的根本原因是由于焊接过程中,对焊件进行_____的结果。

4. 焊接应力根据作用方向不同,可分为_____、_____。

5. 焊接应力的危害_____、_____、_____、_____。

6. 焊接热输入量越大,则焊接应力和变形就越_____。

7. 根据对结构件的不同影响,焊接变形可分为_____、_____、_____、_____、_____以及_____等。

8. 工件焊后在垂直于焊缝方向的变形称为_____;而平行于焊缝方向的变形称为_____。

9.对接焊的横向收缩与_____及_____有关系,随着板厚的_____,横向收缩量_____;相同板厚,坡口角度_____,则横向收缩量也_____。

10.角变形的大小以_____进行度量,其产生原因是由于_____而引起的。

11.角变形的大小与_____、_____、_____以及_____等因素有关。

12.扭曲变形是由焊缝的_____和_____缩短所引起的,它与_____沿焊接方向逐渐增大有关。

13.波浪变形是由于焊接的_____或_____缩短而对薄板不用造成的_____所引起的一种局部变形。

14.反变形法主要用来消除焊件的_____。

15.合理选用焊接程序可采用_____、_____、_____以及_____等工艺。

16.采用强制的手段将构件加以刚性固定,以减小焊后变形的方法称为_____,它可减小焊后的_____、_____和_____等。

17.采用焊后消除焊接应力的整体高温回火能消除_____的焊接残余应力。

18.防止和减小焊接应力应遵守的装焊原则主要有_____、_____和_____。

19.焊接残余变形的矫正方法有_____和_____两种。

20.火焰矫正法的加热方式包括_____、_____、_____以及_____等。

21.火焰矫正法的原理是将被矫正部位局部加热,是加热去产生_____,冷却后产生_____,来矫正焊接残余变形。

22.后热又称消氢处理,即在焊后立即将焊件加热到_____℃温度范围,保温_____h后空冷。

23.预热温度的选择,应根据钢材的_____和_____、_____、_____、_____及_____、_____等综合考虑。

24.刚性固定法,常用方法的有_____、_____、_____或_____。

25.多层焊接时,第一层焊缝引起的收缩量_____;第二层焊缝的收缩量约为第一层的_____;第三层焊缝的收缩量约为第一层的_____。

习题答案

一、判断题

1.(√)2.(√)3.(√)4.(√)5.(√)6.(×)7.(√)8.(×)9.(×)10.(√)11.(×)12.(√)13.(√)14.(×)15.(×)16.(×)17.(√)18.(√)

19.(√)20.(√)21.(×)22.(×)23.(×)24.(√)25.(√)26.(×)27.(×)28.(√)29.(√)30.(×)31.(√)32.(√)33.(×)34.(×)35.(√)36.(×)

37.(×)38.(√)39.(×)40.(√)

二、填空题

1.弹性 塑性 塑性

2.单向应力 双向应力 三向应力 温度应力 组织应力 凝缩应力

3.不均匀加热与冷却

4.纵向变形 焊缝冷却的先后不同形成的

5.造成焊接接头裂纹 降低结构的承载能力 影响结构的疲劳强度 降低机械加工

的精度

6.大

7.纵向变形 横向变形 弯曲变形 扭曲变形 角变形 波浪变形

8.横向变形 纵向变形

9.板材厚度 坡口型式 增加 增加 越大 越大

10.变形角 横向收缩变形不均匀

11.焊缝截面 焊接规范 接头型式 坡口角度

12.纵向 横向 角变形

13.纵向 横向 压应力

14.角变形

15.分段退焊法 分中分段退焊法 跳焊法 交替焊法 分中对称焊法

16.刚性固定法 角变形 弯曲变形 波浪变形

17.80%～90%

18.尽可能让焊缝自由收缩 先焊收缩量大的焊缝 焊接平面交叉焊缝时应先焊横向焊缝

19.机械矫正 火焰矫正

20.点状加热 线状加热 三角形加热 水火矫正法

21.压缩塑性变形 拉应力

22.250～350 ℃ 2～6

23.成分 厚度 结构刚性 接头形式 焊接材料 焊接方法 环境因素

24.定位焊法 工夹具法 加装"马"板 加放压铁

25.最大 20% 5%～10%

第五章 焊接缺陷及检验

本章通过对焊接接头缺陷及其危害性的分析,使学员了解焊接缺陷的性质、产生原因和防止措施,了解焊接接头的检验方法,帮助大家在焊接操作中能及时发现、及时处理,慎重对待每一次焊接过程,从而保证焊接质量。

第一节 焊接接头的缺陷与分析

焊接过程中,在焊接接头中产生的不符合设计或工艺文件要求的称为缺陷。焊接缺陷的类型很多,按其在焊缝中的位置可将缺陷分为内部缺陷和外部缺陷。外部缺陷位于焊缝表面,用肉眼或低倍放大镜就可以观察到,如焊缝形状尺寸不符合要求、咬边、焊瘤、烧穿、凹坑与弧坑、表面气孔和表面裂纹等;内部缺陷位于焊缝内部,这类缺陷可用无损探伤检验或破坏性检验方法来发现。如未焊透、未熔合、夹渣、内部气孔和内部裂纹等。

一、焊接缺陷的危害

焊接接头中的缺陷,不仅破坏了接头的连续性,而且还引起了应力集中,缩短结构使用寿命,严重的甚至会导致结构的脆性破坏,危及生命财产安全。焊接缺陷的危害主要是以下两个方面:

1. 引起应力集中

在焊接接头中,凡是结构截面有突然变化的部位,其应力的分布就特别不均匀,在某点的应力值可能比平均应力值大许多倍,这种现象称为应力集中。在焊缝中存在的焊接缺陷是产生应力集中的主要原因。如焊缝中的咬边、未焊透、气孔、夹渣、裂纹等,不仅减小了焊缝的有效承载截面积,削减了焊缝的强度,更严重的是在焊缝或焊缝附近造成缺口,由此而产生很大的应力集中。当应力值超过缺陷前端部位金属材料的抗拉强度时,材料就开裂,接着新开裂的端部又产生应力集中,使原缺陷不断扩展,直至产品破裂。

2. 造成脆断

从以往国内外大量金属结构脆性事故的分析中可以发现,脆断部位是从焊接接头中的缺陷开始的。这是一种很危险的破坏形式。因为脆性断裂是结构在没有塑性变形情况下产生的快速突发性断裂,其危害性很大。防止结构脆断的重要措施之一就是尽量避免和控制焊接缺陷。

焊接结构中危害性最大的缺陷是裂纹和未熔合等。

二、焊接缺陷产生的原因及防止措施

1. 焊缝形状及尺寸不符合要求

焊缝形状及尺寸不符合要求主要是指焊缝外形高低不平,波形粗劣;焊缝宽窄不均,太宽或太窄;焊缝余高过高或高低不均;角焊缝焊脚不均以及变形较大等,如图5-1所示。

焊缝宽窄不均,除了造成焊缝成形不美观外,还影响焊缝与母材的结合强度;焊缝余高太高,使焊缝与母材交界突变,形成应力集中,而焊缝低于母材,就不能得到足够的接头强度;角焊缝的焊脚不均,且无圆滑过渡也易造成应力集中。

(1)产生焊缝形状及尺寸不符合要求的原因　主要是由于焊接坡口角度不当或装配间隙不均匀;焊接电流过大或过小;运条速度或手法不当以及焊条角度选择不合适;埋弧焊主要是由于焊接工艺参数选择不当。

(2)防止措施　选择正确的坡口角度及装配间隙;正确选择焊接工艺;提高焊工操作技术水平,正确地掌握运条手法和速度,随时适应焊件装配间隙的变化,以保持焊缝的均匀。

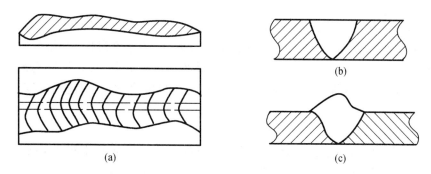

图5-1　焊缝形状尺寸不符合要求
(a)焊缝高低不平,宽窄不均,波形粗劣;(b)焊缝低于母材;(c)焊缝余高太高

2.咬边

由于焊接工艺参数选择不当或操作方法不正确,沿焊趾的母材部位产生的沟槽或凹陷称为咬边,如图5-2所示。

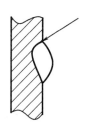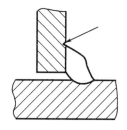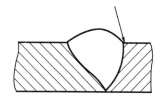

图5-2　咬边的几种形式

咬边减少了母材的有效面积,降低了焊接接头强度,并且在咬边处形成应力集中,容易引发裂纹。

(1)产生咬边的原因　主要是由于焊接电流过大以及运条速度不合适;角焊时焊条角度或电弧长度不适当;埋弧焊时焊接速度过快等。

(2)防止措施　选择适当的焊接电流、保持运条均匀;角焊时焊条要采用合适的角度和保持一定的电弧长度;埋弧焊时要正确选择焊接工艺参数。

3.焊瘤

焊瘤是焊接过程中,熔化金属流淌到焊缝之外未熔化的母材上所形成的金属瘤,如图5-3所示。

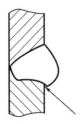
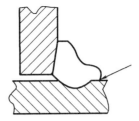

图 5-3　焊瘤的形式

焊瘤不仅影响了焊缝的成形,而且在焊瘤的部位往往还存在着夹渣和未焊透。

(1)产生焊瘤的原因　主要是由于焊接电流过大,焊接速度过慢,引起熔池温度过高,液态金属凝固较慢,在自重作用下形成。操作不熟练和运条不当,也易产生焊瘤。

(2)防止措施　提高操作技术水平,选用正确的焊接电流,控制熔池的温度。使用碱性焊条时宜采用短弧焊接,运条方法要正确。

4.凹坑与弧坑

凹坑是焊后在焊缝表面或背面形成的低于母材表面的局部低洼部分。弧坑是在焊缝收尾处产生的下陷部分,如图 5-4 所示。

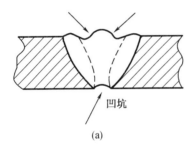
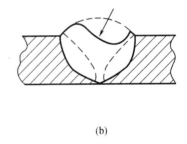

图 5-4　凹坑与弧坑

(a)凹坑;(b)弧坑

凹坑与弧坑使焊缝的有效断面减小,削弱了焊缝强度。对弧坑来说,由于杂质的集中,会导致产生弧坑裂纹。

(1)产生凹坑与弧坑的原因　主要是由于操作技能不熟练,电弧拉得过长;焊接表面焊缝时,焊接电流过大,焊条又未适当摆动,熄弧过快;过早进行表面焊缝焊接或中心偏移等都会导致凹坑;埋弧焊时,导电嘴压得过低,造成导电嘴粘渣,也会使表面焊缝两侧凹陷等。

(2)防止措施　提高焊工操作技能;采用短弧焊接;填满弧坑,如焊条电弧焊时,焊条在收尾处做短时间的停留或做几次环形运条;使用收弧板;CO₂ 气体保护焊时,选用有"火口处理(弧坑处理)"装置的焊机。

5.下塌与烧穿

下塌是指单面熔焊时,由于焊接工艺不当,造成焊缝金属过量而透过背面,使焊缝正面塌陷,背面凸起的现象。烧穿是在焊接过程中,熔化金属自坡口背面流出,形成穿孔的缺陷,如图 5-5 所示。

塌陷和烧穿是在焊条电弧焊和埋弧自动焊中常见的缺陷,前者削弱了焊接接头的承载能力;后者则使焊接接头完全失去了承载能力,是一种绝对不允许存在的缺陷。

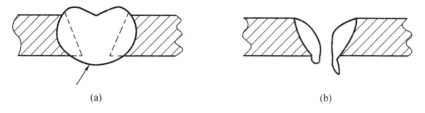

图 5-5 下榻与烧穿

(a)下榻;(b)烧穿

(1)产生下榻和烧穿的原因 主要是由于焊接电流大,焊接速度过慢,使电弧在焊缝处停留时间过长;装配间隙太大,也会产生上述缺陷。

(2)防止措施 正确选择焊接电和焊接速度;减少熔池高温停留时间;严格控制焊件的装配间隙。

6. 裂纹

在焊接应力及其他致脆因素共同作用下,焊接接头局部地区的金属原子结合力遭到破坏而形成的新界面所产生的缝隙称为焊接裂纹。它具有尖锐的缺口和大的长宽比特征。裂纹不仅降低接头强度,而且还会引起严重的应力集中,使结构断裂破坏。所以裂纹是一种危害性最大的焊接缺陷。裂纹按其产生的温度和原因不同可分为热裂纹、冷裂纹、再热裂纹等。按其产生的部位不同又可分为纵向裂纹、横向裂纹、焊根裂纹、弧坑裂纹、熔合线裂纹及热影响区裂纹等,如图 5-6 所示。

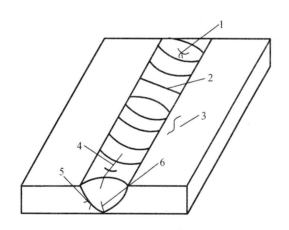

图 5-6 各种部位焊接裂纹

1—弧坑裂纹;2—横向裂纹;3—热影响区裂纹;

4—纵向裂纹;5—熔合线裂纹;6—焊根裂纹

(1)热裂纹 焊接过程中,焊缝和热影响区金属冷却到固相线附近的高温区产生的裂纹称为热裂纹。

①热裂纹产生的原因 由于焊接熔池在结晶过程中存在着偏析现象,偏析出的物质多为低熔点共晶体和杂质。在开始冷却结晶时,晶粒刚开始生成,液态金属比较多,流动性比

较好,可以在晶粒间的间隙都能被液态金属所填满,所以不会产生热裂纹。当温度继续下降,柱状晶体继续生长。由于低熔点共晶体的熔点低,往往是最后结晶,在晶界以"液体夹层"形式存在,这时焊接应力已增大,被拉开的"液体夹层"产生的间隙已没有足够的低熔点液体金属来填充,因而就形成了裂纹。

因此,热裂纹可看成是焊接拉应力和低熔点共晶两者共同作用而形成的,即拉应力是产生热裂纹的外因,晶界上的低熔点共晶体是产生热裂纹的内因,拉应力通过晶界上的低熔点共晶体而形成热裂纹。

②热裂纹的特征

a. 热裂纹多贯穿在焊缝表面,并且断口被氧化,呈氧化色。一般热裂纹宽度约0.05 ~ 0.5 mm,末端略呈圆形。

b. 热裂纹大多产生在焊缝中,有时也出现在热影响区。

3. 热裂纹的微观特征一般是沿晶界开裂,故又称晶间裂纹。

③热裂纹的防止措施　热裂纹的产生与冶金因素和力学因素有关,故防止热裂纹主要从以下几方面来考虑:

a. 限制钢材和焊材中的含硫量　如焊丝中的硫的含量一般应小于0.03%。焊接高合金钢时要求硫的含量不大于0.02%。

b. 降低含碳量　从实践可知,当焊缝金属中的含碳量小于0.15%时产生裂纹的倾向很小。一般碳钢焊丝含碳量控制在0.10%以下。

c. 改善熔池金属的一次结晶　由于细化晶粒可以提高焊缝金属的抗裂性,所以广泛采用向焊缝中加入细化晶粒的元素,如钛、铝、锆、硼或稀土金属铈等,进行变质处理。

d. 控制焊接工艺参数　适当提高焊缝成形系数。采用多层多道焊,避免偏析集中在焊缝中心,防止中心线裂纹。

e. 提高焊丝中锰含量　由于锰和硫的化合物(MnS)的熔点比较高,而且不会与其他元素形成低熔点共晶物,所以可以降低硫的有害作用。一般锰含量在2.5%以下时,可起到有利作用。而且在高合金和镍基合金中,同样用锰来消除硫的有害作用。

f. 采用适当的收弧方式　收弧处采用收弧引出板或逐渐断弧法填满弧坑,以防止弧坑裂纹。

g. 降低焊接应力　采取降低焊接应力的各种措施,如焊前预热、焊后缓冷等。

(2)冷裂纹　焊接接头冷却到较低温度[对钢来说,即在M$_s$温度(马式体转变开始温度)以下]时产生的焊接裂纹属于冷裂纹。

冷裂纹和热裂纹不同,它是在焊接后较低的温度下产生的,冷裂纹可以在焊后立即出现,也可能经过一段时间(几小时、几天、甚至更长)才出现。这种滞后一段时间出现的冷裂纹称为延迟裂纹,它是冷裂纹中比较普遍的一种形态。它的危害性比其他形态的裂纹更为严重。冷裂纹有焊道下冷裂纹、焊趾冷裂纹和焊根冷裂纹三种形式。如图5-7所示。

①冷裂纹产生的原因　冷裂纹主要发生在中碳钢、高碳钢、低合金或中合金高强度钢中。产生冷裂纹的主要原因有三个方面,即钢的淬硬倾向、焊接应力、氢的影响。这三个因素共同存在时,就容易产生冷裂纹。一般钢的淬硬倾向越大,焊接应力越大,氢的聚集越多,越易产生冷裂纹。在许多情况下,氢是诱发冷裂纹的最活跃的因素。如图5-7所示。

②冷裂纹的防止措施

a. 选用低氢型的焊接材料,以减少焊缝中氢的含量。

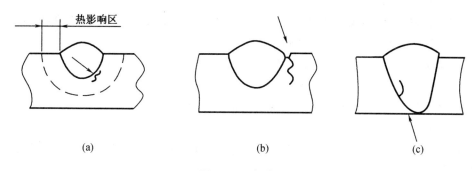

图 5－7 冷裂纹

(a)焊道下冷裂纹；(b)焊趾冷裂纹；(c)焊根冷裂纹

b. 严格遵守焊接材料的保管、烘焙和使用制度，防止受潮。

c. 仔细清理焊缝区域的油污、水分和锈迹，减少氢的来源。

d. 选择合理的焊接工艺参数，采用合适的焊接工艺措施，如焊前预热、控制层间温度、后热、焊后热处理以及选择合理的装焊顺序和焊接方向等。

通过采用这些工艺措施和方法，都能改善焊件的应力状态，避免热影响区产生过热、晶粒粗大所造成的接头脆化，从而降低冷裂纹的产生倾向。

7. 气孔

所谓气孔，是指焊接时熔池中的气泡在熔池冷却凝固时未能逸出而残留下来形成的空穴。根据气孔的部位不同，可分为内部气孔和外部气孔；根据气孔在焊缝中的分布情况不同，可分为单个气孔、连续气孔和密集气孔；根据气孔的形状不同，可分为球形气孔、条虫状气孔、针状气孔、椭圆形气孔和螺旋状气孔；根据气孔的气体种类不同，可分为氢气孔、氮气孔和一氧化碳气孔。如图 5－8 所示。

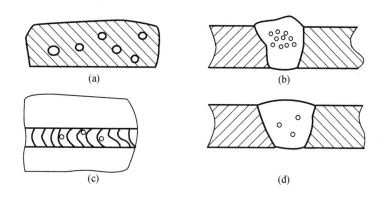

图 5－8 焊缝中气孔

(a)连续气孔；(b)密集气孔；(c)外部气孔；(d) 内部气孔

(1)气孔的危害

焊缝中存在气孔，会削弱焊缝的有效工作截面积，引起应力集中，显著降低焊缝金属的强度和塑性，特别是弯曲和冲击韧性降低更多。在金属结构处于动载荷工作下，气孔可显著降低焊缝的疲劳强度。过大的气孔会破坏焊缝金属的致密性。因此，它的危害性相当严重。

（2）气孔的产生原因

①焊接材料受潮，使用前的保管不当以及焙烘时间和温度没有达到规定要求等。

②焊缝区域存有油污、水分和锈迹等。

③焊接工艺参数选用不当以及电弧偏吹、操作方法不恰当等因素。

④电弧过长使熔池失去保护，空气很容易侵入熔池。

⑤气体保护焊时，气体纯度低，焊丝脱氧能力差，气体流量过大或过小等。

（3）气孔的防止措施

①仔细清除焊缝上的污物，以及焊件坡口两侧 20～30 mm 范围内的表面油污、铁锈和水分等脏物。

②焊丝不应生锈，焊条、焊剂要按规定保管、烘焙和使用。

③气体保护焊时，要保证气体的纯度，并选用合适的气体流量，保证气体对焊接熔池的保护。

④使用低氢型焊条时应采用直流反接电源短弧焊接，操作时适当配合运条动作，以利于气体逸出。

⑤焊件装配间隙不要过大，而且装配定位焊应保证焊接质量。

⑥正确选用焊接工艺参数，保证合适的焊接速度。

8. 未焊透与未熔合

未焊透是指焊接时接头未完全熔透的现象。未熔合是指焊接时焊道与母材、焊道与焊道之间未完全熔化结合的现象。它们是一种比较危险的缺陷，会使焊缝的结合强度大大降低，引起裂纹甚至断裂。如图 5-9(a)(b)所示。

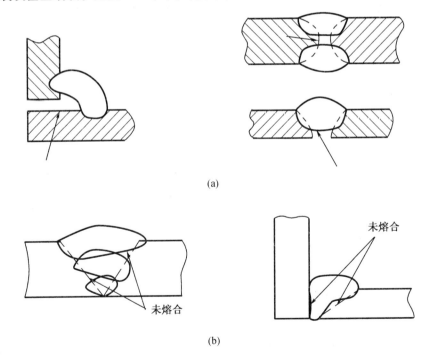

(a)

(b)

图 5-9　未焊透与未熔合

(a)未焊透；(b)未熔合

（1）产生的原因

①焊缝的装配间隙或坡口角度过小、钝边太大。

②焊接工艺参数选用不当以及电极角度、电弧偏吹等因素。

③焊缝表面存有氧化物、锈迹以及前一焊道有残存的焊渣。

（2）防止措施

①正确选定焊缝坡口形式和装配间隙。

②做好焊缝表面和焊层之间的清理工作。

③正确选用焊接工艺参数，注意及时调整电极角度以及防止电弧偏吹等措施。

9.夹渣

焊后残留在焊缝中的熔渣称为夹渣。如图 5－10 所示。

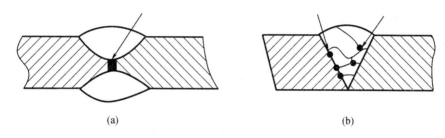

（a）　　　　　　　　　　　　（b）

图 5－10　夹渣

（a）双面焊缝内夹渣；（b）单面焊缝中夹渣

夹渣的存在减少了焊缝的有效工作截面积，降低了焊缝的机械性能，容易引起应力集中导致结构的破坏。过多过大的夹渣还会降低焊缝的致密性。

（1）夹渣产生的原因

①焊件的焊接区域存有金属氧化物及锈斑。

②坡口角度太小，焊接工艺参数选择不当（如电流太小或焊速过快等）。

③多层焊时各层各道焊层间的熔渣未清理干净。

④焊接操作技术不熟练，导致焊偏或者熔渣混在金属液体之中。

⑤立对接焊或多层立角焊时，在熔池两边未做停留或停留时间太短。

（2）防止措施

①仔细清理焊接区域的金属氧化物、锈斑及污物。

②正确选择坡口型式及尺寸，选用合适的焊接电流、焊接速度等工艺参数。

③多层焊时应认真清理每层每道间的熔渣。

④加强技术练习，提高技术应用能力。

第二节　焊接质量检验

焊接检验是保证焊接产品质量的重要措施，它包括焊前检验、焊接过程中的检验和成品检验。完整的焊接检验能保证层层把住质量关，杜绝不合格的产品流入使用领域，造成危害。

焊前检验的内容:检验焊接产品图样和焊接工艺规程等技术性文件是否备齐;检验原材料、焊接材料(焊丝、焊条、焊剂、气体等)的型号、材料性质是否符合设计或规定要求;检验焊接坡口的加工质量和焊接接头的装配质量是否符合图样要求;检验焊接设备及其辅助用具是否完好;检验焊接材料是否按工艺要求进行清理、烘干、预热等步骤;对焊接操作者的技术水平进行鉴定,经鉴定合格,方能上岗操作。

焊接过程中的检验主要依靠焊接操作者来完成。主要包括:焊接设备运行情况是否正常,焊接工艺参数选定是否正确,焊接过程中的质量保障措施是否落实,在焊接操作中可能出现的焊接缺陷是否准备应对方法等。

成品检验是焊接检验的最后步骤,在全部焊接工作结束后(包括必要的焊后热处理等)进行的检验。

焊接质量检验的方法很多,本节主要介绍成品焊接接头质量检验的几种方法,即非破坏性检验和破坏性检验两大类。

一、非破坏性检验

非破坏性检验是指不损坏被检查材料或成品的性能、完整性而检测其缺陷的方法。它包括外观检验、密性检验和无损探伤检验。

1.外观检验

焊接接头的外观检验是一种简便而又应用广泛的检验方法,它是以肉眼直接观察为主,一般借助标准样板、量规以及低倍放大镜观察。其目的在于发现焊接接头的表面缺陷,如表面气孔、裂纹及咬边、焊瘤、焊穿、焊缝尺寸偏差等缺陷。

2.密性检验

密性检验是用来检验密封容器、管道和船舶密封舱室上的焊缝是否存在不致密缺陷的方法。如焊缝中存有贯穿性的裂纹、气孔、夹渣、未焊透等缺陷,导致结构不致密,而通过密性检验就能及时发现缺陷,并对缺陷处给予及时的修复。

密性的检验方法有煤油试验、灌水试验、充气试验、冲水试验、水压试验以及氨气试验等检验方法。可根据船体结构的强度要求和密性试验的不同要求,采用不同的方法。

(1)煤油试验 在焊缝表面(包括热影响区部分)涂上石灰水溶液,待干燥后便形成白粉带状,然后在焊缝的另一面涂上煤油。由于煤油的黏度和表面张力很小,渗透性很强,具有透过极小的贯穿性缺陷的能力。因此当涂上煤油15~20 min后,开始检查白粉带状的一面是否有油迹。如有,把渗油处的缺陷标出,时间一长,渗油处的油迹散开,就无法精确地确定缺陷位置。如果在规定时间内,焊缝表面未出现油斑,可评为密性合格。主要适用于不受压的容器。

(2)灌水试验 是一种水压试验方法,适用于开口容器的致密性试验。试验时,用水将容器灌满或灌至规定的高度,在不附加压力的情况下检验焊缝的致密性。

(3)冲水试验 是在焊缝的一面用一定压力的水流喷射,在焊缝的另一面检查有无渗漏现象。

(4)水压试验 是将容器上的所有孔和眼堵塞好,用水将容器灌满,再用水泵将容器内的水压提高到容器工作压力的1.25~1.5倍,然后进行强度试验。在此压力下持续约5 min后,可将压力降到容器的工作压力,进行致密性试验。这时检查人员可利用质量为1~1.5 kg的圆头小锤在焊缝两侧15~20 mm处轻轻敲打,检查有无渗漏。主要适用于密封容器试验。

（5）充气试验　试验时将一定压力的空气通入容器或密封管道和结构内,在规定压力下保持 15 min 后,在外面焊缝处涂上肥皂水,观察有无渗漏现象。充气试验要在结构强度允许的条件下,按照建造检验技术规程确定试验压力。这种方法又称气压试验。

（6）氨气试验　在容器内通入含有 10% 的氨气,并在容器外壁焊缝处贴上一条比焊缝宽的硝酸汞溶液试纸。如果试纸上出现黑色斑点,说明焊缝有渗漏。主要适用于蒸汽管的焊缝密性试验。

3. 无损探伤检验

（1）渗透探伤　它是利用带有荧光染料（荧光法）或红色染料（着色法）这些渗透剂的渗透作用,显示缺陷痕迹的无损检验方法。

探伤时,将渗透剂涂刷在焊缝表面,当渗透剂渗入缺陷以后,除去焊缝上多余的渗透剂,然后再涂上显像剂。经过一段时间以后,显像剂能呈现出彩色鲜明的缺陷形状图像。从图像中可以看出缺陷的位置、大小和严重程度,从而判定焊接接头的表面质量。

渗透探伤主要用于船舶轴系、螺旋桨等构件的表面探伤。

（2）磁粉探伤　它是利用在强磁场中,铁磁性的材料表层缺陷产生漏磁场能吸附磁粉的现象,而进行的一种无损检验方法。主要用来发现铁磁性材料的表面和接近表面的缺陷。

检验时,应先将检验部位表面磨光,利于提高检验准确性。设法让某种磁力线透过被检部位,当焊缝表面或接近表面无缺陷时,磁力线平行通过,焊件表面磁粉分布呈一定规律,无突变现象。当焊缝表面有裂纹时,磁力线就会绕过磁阻大的缺陷而发生弯曲,铁粉由于漏磁的作用而在裂纹上堆积并显示出裂纹的形状。

（3）超声波探伤　它是利用超声波对金属内部缺陷做无损测量的一种检验方法。超声波是弹性介质中的机械振荡,以波的形式在材料介质中传播。声波通常以其波动频率和人耳可闻频率加以区分。一般人耳可闻声波在 20 Hz ~ 20 kHz 范围内,低于或高于此范围的声波人耳不可闻。低于 20 Hz 的声波为次声波,高于 20 kHz 的声波为超声波。用于金属材料超声波探伤的常用频率为 0.5 ~ 20 MHz。超声波能在除了真空以外的任何介质中传播。

超声波探伤前应将焊缝两侧探伤表面打磨光洁,以保证良好的超声波耦合。探头中发射出的脉冲超声波是通过耦合介质（如水、油、甘油或糨糊等）传播到焊件之中。实际使用中最佳的耦合介质是浓度为 75% 以上的甘油溶液。

探伤时,探头不断地在焊缝两侧的焊件表面移动,声波经探头进入焊件内部,在无缺陷时,探伤仪的荧屏上出现的是始脉冲和底脉冲波形,当探头移到缺陷部位时,声波传播介质发生变化,产生反射波束,此时探伤仪的荧屏上出现的是始脉冲和缺陷脉冲波形。这时,根据脉冲波形的鉴别比较,便可判断出缺陷的位置和大小。

超声波探伤具有灵敏度高、设备轻便、操作方便、成本低以及当场就能做出质量评定等优点,因此得到广泛的应用。

（4）射线探伤　它是利用射线可以穿透物质,并且在物质中有衰减和使胶片感光的特性来发现缺陷的一种探伤方法。

①X 射线探伤的方法　X 射线探伤以照相法为主,当用 X 射线检验焊缝内部时,焊缝中有缺陷部位与无缺陷部位对 X 射线的吸收系数不同,透过有缺陷部位与无缺陷部位的射线强度,呈现在胶片上的黑度也不同,由于射线对胶片的光化作用,使有缺陷部位的感光量大于无缺陷处的感光量,底片经显影后出现黑度较高,因此,可以通过胶片上的黑度情况来

显示缺陷影像,从而辨别出焊缝中的缺陷位置、大小、种类和分布情况。

②X 射线探伤时的缺陷识别 观察胶片上的影像,能发现焊缝上有无缺陷及缺陷的种类、大小与位置。各种缺陷在胶片上呈现的影像特征如图 5－10 所示。

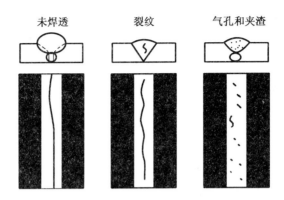

图 5 －11 胶片上焊接缺陷的影像特征

焊缝内部缺陷一般有气孔、裂纹、夹渣、未焊透和未熔合等。

a. 气孔 气孔在底片上多数为圆形、椭圆形黑点,在中心处黑度较大;此外,还有针状、柱状气孔等。其分布形式有单个的、密集的和链状的气孔。

b. 裂纹 它在底片一般呈曲线(或直线)的黑色线条,影像轮廓线较为分明,线段中部较宽较暗,两头尖且颜色较暗。

c. 夹渣 它在底片呈不同形状的点状和条状影像。有时也单个存在,其形态为球状和块状,有时呈链状,外观不规则,都带有棱角且黑度较均匀。

d. 未焊透 它在底片一般呈直线或断续的黑线条影像,宽度与坡口间隙相一致,颜色深浅不均等。层间未焊透和边缘未焊透,有时也呈条状和块状且较暗的黑色影像。

e. 未熔合 坡口处的未熔合在底片呈一侧平直,另一侧有弯曲,颜色浅,较均匀,线条较宽,端头不规则的黑色直线常伴有夹渣;层间未熔合影像不规则,且不易分辨。

焊缝内部缺陷评定根据底片上影像的形状、大小、数量和深浅,可分为 4 个等级。在任何等级的焊缝内均不允许有影响强度的裂纹、未焊透和未熔合缺陷存在。

③γ 射线与 X 射线的比较

γ 射线的射线源是由放射性元素的原子核在自然裂变时辐射出的一种波长比 X 射线更短的电磁波。最常用的射线源有钴 60、铯 137 和铱 192 等。

γ 射线的检测原理基本与 X 射线相同。但是 γ 射线的波长比 X 射线更短,能穿透厚度为 300 mm 左右的钢件。

γ 射线与 X 射线相比较,X 射线具有单向探伤时间短、速度快等优点,但设备复杂,成本高,穿透力比 γ 射线弱。适合于中、薄板的探伤。γ 射线的最大特点是穿透力大,操作简单,不需要电源和水源,适合于野外工作,在检查环形焊缝时,可一次曝光。但它的单次探伤时间长,对防辐射损伤劳动保护要求高。

二、破坏性检验

破坏性检验就是用机械方法在焊接接头上截取一部分金属,加工成规定的形状和尺寸。然后在专门的设备和仪器上进行破坏性检验,根据试验结果了解焊接接头的性能及内部缺陷情况,来判断焊接工艺的正确与否。破坏性检验有金相检验、机械性能试验和焊缝的化学分析等。

1. 金相检验

焊接接头的金相检验是一种用来检查焊接接头及母材的组织特性及确定内部缺陷的检验方法。它分为宏观金相检验和微观金相检验。

(1)宏观金相检验　是用肉眼或借助低倍放大镜直接进行观察。它包括宏观组织(粗晶)分析,如焊缝一次结晶组织的粗细程度和方向性、熔池形状尺寸、焊接接头各区域的界限和尺寸以及各种焊接缺陷;断口分析,如断口组成、裂源及扩展方向、断裂性质等;硫、磷和氧化物的偏析程度。

通常宏观金相检验的试样,焊缝表面保持原状,而将横断面加工至 $R_a 3.2 \sim 1.6$,经过腐蚀后再进行观察;有时还会用折断面检查的方法,沿焊缝断面进行观察。

(2)微观金相检验　是借助显微镜来观察焊接接头各区域的微观组织、偏析、缺陷以及析出相的种类、性质、形态、大小、数量等。根据分析检验结果,来确定焊接材料、焊接方法和工艺参数等是否合理。微观金相检验还可以采用更先进的设备,如电子显微镜、X 射线衍射仪、电子探针等分别对组织形态、析出相和夹杂物进行分析以及对断口、废品和事故、化学成分等进行分析。

2. 机械性能试验

焊接接头的机械性能试验(又称力学性能试验)是评定所选用的焊接材料、焊接工艺参数在一定工艺条件下,焊后的接头性能是否符合规定的技术指标。

机械性能试验包括:拉伸试验、弯曲试验、冲击试验、硬度试验和疲劳试验。各种试验的试样必须取于同一块试板上。试板焊后经无损检验确认内无缺陷的情况下,按要求用机械方法和切削方法取试样。

(1)拉伸试验　拉伸试验是将试样放在拉力机上,在轴向加上载荷,随载荷的不断增加,到一定数值时试样逐步开始伸长变形直到被拉断为止的一种试验方法。

拉伸试验是用来测定焊接接头(焊缝金属、熔合区、热影响区)和母材金属材料的抗拉强度(σ_s)、屈服强度(σ_b)、延伸率(δ)及断面收缩率(ψ)等机械性能指标,从而达到检验焊接接头等金属材料的强度和塑性。焊缝金属拉伸试样的受试验部分应全部取在焊缝中,焊接接头拉伸试样则包括了母材、焊缝和热影响区三部分。典型的三种焊接拉伸试样如图5－12 所示。

(2)弯曲试验　弯曲试验又称冷弯试验,它是测定焊接对接接头弯曲时的塑性的一种试验方法,能反映出焊接接头各区域塑性的差别,考核熔合区的熔合质量和暴露的焊接缺陷。弯曲试验分为正弯、侧弯和背弯三种,可根据产品技术条件选定。侧弯能检验焊层与母材之间的结合强度,背弯易于发现焊缝根部缺陷。

弯曲试验是以弯曲角度的大小及产生缺陷的情况进行评定。试验时将试样放在压力机上加上一定的载荷,使试样弯成90°,120°,180°等一定角度,然后检查其受弯拉伸面上是否出现裂纹等缺陷。如图5－13 所示。

(3)冲击试验　冲击试验又称冲击韧性试验,是用来检验焊接接头的韧性以及脆性转变温度。冲击试验是将按规定加工后的试样放在冲击机上,加一定的冲击载荷将试样打断。

根据产品的使用要求,把有缺口的冲击试样放在试验机上进行冲击韧性试验。冲击试

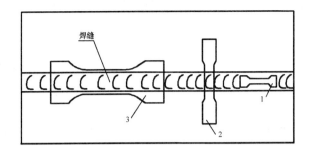

图5-12 典型的三种焊接拉伸试样

1—焊缝金属拉伸试样;2—焊接接头横向拉伸试样;
3—焊接接头纵向拉伸试样

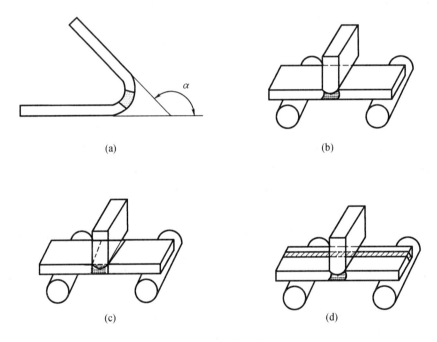

图5-13 弯曲试验

(a)弯曲角度;(b)横弯;(c)侧弯;(d)纵弯

验可以在常温下(18～25 ℃)或者在低温条件下(如0 ℃,-20 ℃,-40 ℃等)进行。钢材和焊缝的冲击韧性值随着温度的降低而下降。当温度降低到一定程度时,钢材和焊缝将从塑性状态迅速转变为脆性状态。

根据试验要求,试样缺口部位可以开在焊缝上,也可开在热影响区或熔合线上。

(4)硬度试验 硬度试验是为了测定焊接接头各部位的硬度分布情况。了解区域偏析和近缝区的淬硬倾向,由于热影响区最高硬度与焊接性之间有一定联系,所以硬度试验的结果,可作为选择焊接工艺时的参考。常见的硬度有布氏硬度(HB)、洛氏硬度(HR)和维氏硬度(HV)。

(5)疲劳试验 疲劳试验是用来测定焊接接头在交变载荷作用下的强度。疲劳试验常以一定交变载荷作用下断裂时的应力σ_{-1}和循环次数N来表示。疲劳试验根据受力不同分为拉压疲劳、弯曲疲劳和冲击疲劳试验等。

3. 化学分析及腐蚀试验

(1) 化学分析　焊缝的化学分析是检验焊缝金属的化学成分。化学分析的试样从焊缝金属或堆焊层上取得。一般常规分析需试样 50~60 g。经常被分析的元素有碳、锰、硅、硫和磷等。对一些合金钢或不锈钢中含有的镍、铬、钛、钒、铜做分析，需多取一些试样。

(2) 腐蚀试验　焊缝和焊接接头的腐蚀破坏的形式包括：总体腐蚀、晶间腐蚀、刀状腐蚀、点腐蚀、应力腐蚀、海水腐蚀、气体腐蚀和腐蚀疲劳等。

腐蚀试验的目的在于确定在给定的条件下金属的抗腐蚀的能力，判断产品的使用寿命，分析腐蚀原因，找出防止或延缓腐蚀的方法。

腐蚀试验的方法是根据产品对腐蚀性能要求而定。常用的方法有不锈钢晶间腐蚀试验、应力腐蚀试验、腐蚀疲劳、大气腐蚀试验、高温腐蚀试验等。

习　　题

一、判断题

1. 焊接检验主要依靠焊接操作者来完成。因此，只要加强对焊接操作者培训，提高技术能力，就能把住质量关，杜绝不合格的产品流入使用领域。(　　)

2. 焊接缺陷是在焊接过程中，由于施工工艺不完善而造成焊接接头部位一种几何形状尺寸不连续的缺陷。(　　)

3. 在任何钢结构焊缝中不允许存在裂纹和未焊透等缺陷。(　　)

4. 对钢来说，焊接接头冷却到 A_{c1} 点温度以下时产生的焊接裂纹属于冷裂纹。(　　)

5. 热裂纹产生后，会随钢件的冷却而隐藏下来，可能经过一段时间(几小时、几天、甚至更长)才逐渐出现。这种滞后一段时间出现的热裂纹称为延迟裂纹。(　　)

6. 气孔虽然是一种焊接缺陷，但是在焊接结构中，它能起到释放应力作用。因此，除了对接焊缝外，在角接焊缝当中是允许出现连续气孔的。(　　)

7. 咬边减少了母材的有效面积，降低了焊接接头强度，容易引发裂纹。(　　)

8. 凹坑与弧坑使焊缝的有效断面减小，削弱了焊缝强度。对弧坑来说，由于杂质的集中，会导致产生弧坑裂纹。(　　)

9. 热裂纹的主要特征是断口被氧化，呈亮白色。一般裂纹宽度 0.05~0.5 mm，末端略呈圆形。(　　)

10. 在许多情况下，由于氢的聚集是诱发冷裂纹产生的最活跃因素。(　　)

11. 焊接接头或焊缝金属的力学性能值，应不低于基本金属的力学性能值。(　　)

12. 无论什么产品，焊前不必对所采用的焊接工艺方法进行工艺认可评定。(　　)

13. 没有按照有关规定进行培训和取得相关等级资格证书的焊工，不允许上岗焊接产品。(　　)

14. 涂煤油试验，由于煤油的渗透力强，因此适用于对致密性要求较高、不受压贮存石油等容器的检验。(　　)

15. 从 X 射线对胶片的光化作用的角度分析，焊缝有缺陷部位的感光量应小于无缺陷的感光量。(　　)

16. 由于 γ 射线的波长比 X 射线更短,因此其穿透能力也比 X 射线弱,不适用于厚板的检验。( )

17. 超声波检验是以波的形式在材料介质内传播,用于金属材料超声波探伤的常用频率为 0.5～20 MHz。( )

18. 超声波探伤前为保证良好的声波耦合,须对焊缝侧探伤表面打磨光洁,可不必采用耦合介质甘油等溶液。( )

19. 磁粉检验时,只有当缺陷的长度方向与磁力线垂直或相交成一定夹角时,才会产生漏磁现象。因此,至少应从两个方向来充磁检验焊缝缺陷。( )

20. 磁粉检验适用于铁磁性材料和非铁磁性材料的焊接缺陷检验。( )

21. 着色检验法适用于检验各种材料,特别是非磁性焊接接头的表面缺陷检验。( )

22. 弯曲试验能反映出焊接接头各区域塑性的差别。( )

23. 钢材和焊缝的冲击韧度值,随着冲击试验温度的下降而提高。( )

24. 通常硬度比较高的金属材料,其强度也较高,而塑性则随着硬度的增高而降低。( )

25. 通过腐蚀试验,能够确定金属在一定条件下的抗腐蚀的能力,判断产品的使用寿命。( )

二、填空题

1. 焊缝的外部缺陷大致有 _____、_____、_____、_____、_____、_____ 和_____等。

2. 裂纹按其产生的温度和原因不同可分为_____、_____、_____等。

3. 咬边减少了母材的有效 _____,降低了焊接接头 _____,并且在咬边处形成 _____,容易引发 _____。

4. _____是产生热裂纹的_____,晶界上的_____是产生热裂纹的_____,_____通过晶界上的低熔点共晶体而形成热裂纹。

5. 冷裂纹有_____、_____和_____三种形式。

6. 根据气孔在焊缝中的分布情况不同,可分为_____、_____和_____。

7. 根据气孔的气体种类不同,可分为_____、_____和_____。

8. 夹渣的存在减少了焊缝的有效 _____,降低了焊缝的 _____,容易引起 _____导致结构的破坏。

9. 焊接检验是保证_____的重要措施,它包括_____、_____和_____。

10. 焊接过程中的检验主要包括_____运行情况是否正常;_____选定是否正确;焊接过程中的_____是否落实;在焊接操作中可能出现的_____是否准备_____等。

11. 非破坏性检验包括_____、_____和_____。

12. 拉伸试验是用来测定焊接接头和母材金属材料的_____、_____及_____等机械性能指标。

13. 焊接检验根据生产情况,一般可分为_____、_____及_____三个阶段。

14. 密性检验的试验方法有_____、_____、_____、_____以及_____等。

15. 射线检验有_____和_____两种方法。

16.气孔在 X 射线底片上呈现的影像特征多数为_____、_____黑点,其中心处黑度_____;此外还有针状、柱状气孔。气孔的分布形式有_____、_____ 和_____等。

17.未焊透在 X 射线底片上呈现的影像特征是_____或_____的黑色线条。

18.焊缝缺陷的射线评定分为_____级,在任何等级的焊缝内均不允许有影响强度的_____、_____和_____缺陷存在。

19.射线的射线源,是由_____的_____在_____时辐射出的一种波长比 X 射线更短的_____。常用射线源有_____、_____、_____等。

20.超声波探具有_____、_____、_____以及当场就能做出_____等优点,因此得到广泛的应用。

21.磁粉检验是利用在_____中,铁磁性的材料_____产生_____吸附的现象,而进行的一种无损检验方法。主要用来发现铁磁性材料的_____和_____的缺陷。

22.渗透检验根据渗透剂中的溶质不同,可分为_____和_____两大类。

23.焊接接头的机械性能试验包括:_____、_____、_____、_____和_____等。

24.弯曲试验采用_____的试件进行,弯曲试样有_____、_____及_____三种形式。

25.冲击试验主要用来测定焊接接头或焊缝金属的_____和_____。

26.硬度试验方法有_____、_____和_____三种。

27.疲劳试验根据受力不同分为_____、_____和_____试验等。

28.腐蚀试验的常用的方法有不锈钢_____试验、_____试验、_____、_____试验_____试验等。

<h2 style="text-align:center">习题答案</h2>

一、判断题

1.(×)2.(√)3.(√)4.(×)5.(×)6.(×)7.(√)8.(√)9.(×)10.(√)

11.(√)12.(×)13.(√)14.(√)15.(√)16.(×)17.(√)18.(×)19.(√)

20.(×)21.(√)22.(√)23.(×)24.(√)25.(√)

二、填空题

1.焊缝形状尺寸不符合要求　咬边　焊瘤　烧穿　凹坑与弧坑　表面气孔　表面裂纹

2.热裂纹　冷裂纹　再热裂纹

3.面积　强度　应力集中　裂纹

4.拉应力　外因　低熔点共晶体　内因　拉应力

5.焊道下冷裂纹　焊趾冷裂纹　焊根冷裂纹

6.单个气孔　连续气孔　密集气孔

7.氢气孔　氮气孔　一氧化碳气孔

8.工作截面　机械性能　应力集中

9.焊接产品质量　焊前检验　焊接过程中的检验　成品检验。

10.焊接设备 选定是否正确;质量保障措施 焊接缺陷 应对方法

11.外观检验 致密性检验 无损探伤检验

12.抗拉强度(σ_s) 屈服强度(σ_b) 延伸率(δ) 断面收缩率(ψ)

13.焊前检验 焊接过程中的检验 成品检验

14.煤油试验 灌水试验 充气试验 冲水试验 水压试验 氨气试验

15.γ射线 X射线

16.圆形 椭圆形 较大 单个的 密集的 链状的

17.直线 断续

18.4 裂纹 未焊透 未熔合

19.放射性元素 原子核 自然裂变 电磁波 钴60 铯137 铱192

20.灵敏度高 设备轻便 操作方便 成本低 质量评定

21.强磁场 表层缺陷 漏磁场能 磁粉 表面 接近表面

22.荧光法 着色法

23.拉伸试验 弯曲试验 冲击试验 硬度试验 疲劳试验

24.对接接头 正弯 侧弯 背弯

25.韧性 脆性转变温度

26.布氏硬度(HB) 洛氏硬度(HR) 维氏硬度(HV)

27.拉压疲劳 弯曲疲劳 冲击疲劳

28.晶间腐蚀 应力腐蚀 腐蚀疲劳 大气腐蚀 高温腐蚀

第六章　二氧化碳气体保护焊工艺

第一节　CO_2 气体保护焊概述

一、CO_2 气体保护焊的原理与特点

1. CO_2 气体保护焊的原理

二氧化碳气体保护焊是利用 CO_2 气体作为保护气体,填充金属丝作为电极的一种熔化极气体保护电弧焊(简称 CO_2 焊)。它的工作原理是电源的两输出端分别接在焊枪和焊件上,盘状焊丝由送丝机构带动,经过软管和导电嘴不断地向电弧区域送给;同时 CO_2 气体以一定的压力和流量送入焊枪,通过喷嘴后,形成一股保护气流,使熔池和电弧不受空气的侵入。随着焊枪的移动,熔池金属冷却凝固形成焊缝,从而将被焊的焊件连成一体。它是一种高效、高质的先进焊接法,已被我国造船行业广泛运用,并已取得较明显的效益。

2. CO_2 气体保护焊的特点及应用

(1)生产效率高　CO_2 焊采用的焊接电流密度大,熔敷效率高,与焊条电弧焊相比,其劳动效率可提高 $1 \sim 4$ 倍。

(2)成本低　CO_2 气体来源广,价格低,而且消耗的焊接电能少,所以 CO_2 焊的成本低,仅为埋弧焊和手工电弧焊的 $40\% \sim 50\%$。

(3)焊接应力和变形小　由于焊接电弧热量集中,焊件受热面积小,同时 CO_2 气流对焊接电弧区域具有较强的冷却作用,因此焊接应力和变形小。

(4)焊接质量好　CO_2 焊对铁锈的敏感性不大,焊缝中不易产生气孔。同时 CO_2 气体在高温时具有强烈的氧化性,可减少熔池中游离态氢的含量,焊缝的抗裂性能好。

(5)操作性能好　因为采用明弧焊接,焊工可以直接观察电弧和熔池的情况,便于掌握与调整,并有利于实现机械化和自动化焊接。

(6)适用范围广　CO_2 焊可进行全位置焊接,不仅适用薄板焊接,还常用于中、厚板焊接,也可用于磨损零件的修补堆焊;在某些情况下还可以焊接耐热钢、不锈钢以及异种钢材料焊接。因此 CO_2 焊在造船工业、矿山机械、化工工业和航空工业中都得到广泛应用。

不足之处:飞溅较大,焊缝表面成型较差,不能用交流焊接电源;不能在风大的环境焊接;不能焊接有色金属等。

二、CO_2 气体保护焊的分类

按焊丝直径分:细丝 CO_2 焊 $\phi < 1.6$ mm;粗丝 CO_2 焊 ≥ 1.6 mm。

按操作方法分:半自动 CO_2 焊和 CO_2 自动焊。

按焊丝种类分:实芯焊丝 CO_2 焊和药芯焊丝 CO_2 焊。

第二节　CO₂ 气体保护焊的冶金特点

CO₂ 气体是一种活泼气体,在电弧高温下,具有很强的氧化性,这种强烈的氧化作用,能使合金元素烧损,降低焊缝金属的力学性能,并成为产生气孔和飞溅的根源。

一、合金元素烧损及脱氧方法

CO₂ 气体在电弧高温下分解成一氧化碳气体和氧气,使电弧气氛具有很强的氧化性。其中一氧化碳气体在焊接条件下不熔于金属,也不与金属发生反应。而处于原子状态下的氧使铁、锰、硅等焊缝有益合金元素大量烧损。

所以在 CO₂ 焊时通常在焊丝中(或药芯焊丝的药粉中)加入一定量的脱氧剂,利用脱氧剂补充被烧损的合金元素。常用的脱氧元素是锰(Mn)、硅(Si)、铝(Al)、钛(Ti)等。对于低碳钢及低合金钢的焊接,主要采用锰、硅联合脱氧的方法。其脱氧化学反应过程如下:

焊接时,在电弧高温作用下,CO₂ 气体被分解成 CO 和氧,其化学反应式为

$$2CO_2 = 2CO + O_2$$

分解后的 CO 和氧同时与熔池中的铁、锰、硅、等元素进行氧化反应,生成 CO 和氧化物,其化学反应式为:

$$Fe + O = FeO$$
$$Fe + CO_2 = FeO + CO$$
$$Si + 2CO_2 = SiO_2 + 2CO$$
$$Mn + CO_2 = MnO + CO$$

熔池金属被氧化后生成氧化铁。而氧化铁在熔池即将凝固时,又被焊接熔池中的主要脱氧元素锰、硅还原,其化学反应式为

$$2FeO + Si = 2Fe + SiO_2$$
$$FeO + Mn = Fe + MnO$$

通过脱氧反应生成的 MnO 和 SiO₂ 作为熔渣浮在焊缝表面上而被清除。

目前普遍使用的脱氧焊丝是 H08Mn2SiA 等合金钢焊丝。

二、CO₂ 焊的气孔问题

焊缝金属中产生气孔的根本原因是熔池金属中的气体在冷却结晶过程中来不及逸出造成的。

CO₂ 焊接时可能产生的气孔有 CO 气孔、氢气孔、氮气孔,其中以氮气孔最常见。

(1)CO 气孔　焊接时,如果在熔池中氧化铁过多,反应后则生成大量的 CO 气体,由于熔池很快冷却而来不及逸出,就容易产生气孔。因此 CO₂ 焊中,必须采用具有足够脱氧元素的合金钢焊丝,以弥补合金元素的烧损并防止气孔产生,从而提高焊缝的力学性能。

(2)氢气孔　氢的来源主要是焊丝、焊件表面的铁锈、水分、油污以及 CO₂ 气体中含有的水分。如果熔池中熔入大量的氢,就可能形成氢气孔。因此焊接前要做好焊丝及焊件表面的清理工作,并对 CO₂ 气体进行提纯和干燥处理。

(3)氮气孔　氮主要来自于空气。焊接时,当 CO₂ 气流对焊接熔池的保护不好,如 CO₂ 流量太小、焊接速度过快、喷嘴被飞溅堵塞以及风力过大等因素,致使 CO₂ 气流层遭到破

坏。因此,CO_2 焊时必须加强 CO_2 气流对焊接熔池的保护,防止氮气孔的产生。

三、CO_2 焊的熔滴过渡

CO_2 气体保护焊是熔化极电弧焊,焊丝除作为电极外,其端部在电弧的热作用下,熔化后形成熔滴,并以不同的形式脱离焊丝过渡到熔池。

CO_2 焊熔滴过渡的特点和形式,取决于焊接工艺参数和有关条件。由于 CO_2 气体的特点,在熔滴过渡方面具有一些特殊性,并直接影响到焊接过程的稳定性、飞溅量和焊缝质量。

CO_2 焊熔滴过渡的主要形式有短路过渡、颗粒状过渡和喷射过渡。

1. 短路过渡

(1)短路过渡过程　短路过渡在采用细焊丝、小电流、低电弧电压焊接时形成。因为电弧长度很短,焊丝端部熔化的熔滴尚未成为大滴时,即与熔池表面接触而短路,使电弧熄灭,熔滴金属在各种力的作用下,很快脱离焊丝端部过渡到熔池,随后电弧又重新引燃,并进行正常燃烧。这就是 CO_2 焊熔滴短路过渡过程。

(2)短路过渡的稳定性　CO_2 焊熔滴短路过渡过程的稳定性,取决于焊接电源的动特性和焊接工艺参数。

焊接电源要求具有合适的动特性,通常在焊接回路中串联电感,以调节合适的电感值,来调节短路电流的增长速度。电感值大,短路电流增长速度慢;反之,电感值小,短路电流增长速度快。焊接时,一般可根据不同的焊接工艺参数,选择各自合适的电感值,以保证短路过渡焊接的稳定性。

CO_2 短路过渡形式,由于短路过渡频率很高,所以焊接电弧非常稳定,飞溅少、焊缝成形美观,适合于薄板及全位置焊接。

2. 颗粒状过渡

当采用的焊接电流和电弧电压高于短路过渡条件时,会出现颗粒状过渡形式。

(1)CO_2 焊颗粒状过渡特点　电弧比较集中,而且电弧总在熔滴的下方产生,熔滴较大且不规则,过渡频率较低,并能形成偏离焊丝轴线方向的过渡。

(2)CO_2 焊颗粒状过渡形式　过渡过程的稳定性差,焊缝成型比较粗糙,飞溅较大。粗丝 CO_2 焊常发生颗粒状过渡形式,多用于中、厚板的焊接。

(3)CO_2 焊颗粒状过渡的稳定性　焊接电流和电弧电压对颗粒状过渡的稳定性有显著影响。当焊接电流增大(电弧电压也相应增大)时,颗粒状过渡熔滴体积也会增大,颗粒变粗;随着焊接电流进一步增大(电弧电压也相应增大)时,会使颗粒状过渡熔滴体积逐渐减小,颗粒变细,过渡频率加快,熔滴呈现小颗粒状的过渡形式,使焊接稳定性得到改善,飞溅减小。

3. 喷射过渡

熔化金属从焊丝末端以很细的颗粒和很高的速度非轴线地喷射至熔池。

CO_2 焊时,要达到喷射过渡形式,必须提高电流密度和电弧电压。只有当焊接电流达到一定数值后,同时必须有一定的电弧长度,才能形成。如果电弧电压很低,弧长太短,无论焊接电流数值有多大,也不可能产生喷射过渡。因此它的必要条件是高的电流密度和相匹配的电弧电压。

由于喷射过渡的电弧功率大,电弧稳定性好,焊缝成型良好,穿透力强,熔深大,所以它只适合于中、厚板的平焊位置的焊接。

第三节　CO₂ 气体保护焊的焊接材料

CO₂ 气体保护焊所用的焊接材料是焊丝和 CO₂ 气体。

一、焊丝

1. CO₂ 焊焊丝必须比母材含有较多的 Mn 和 Si 等脱氧元素，以防止焊缝产生气孔，减少飞溅，保证焊缝金属具有足够的力学性能。

2. 焊丝含碳量限制在 0.10% 以下，并控制硫、磷含量。

3. 实芯焊丝表面镀铜，镀铜可防止生锈。有利于保存，并可改善焊丝的导电性及送丝的稳定性。

4. 药芯焊丝芯部粉剂的成分与焊条药皮类似，含有稳弧剂、脱氧剂、造渣剂和合金剂等。按粉剂成分可分为钛型、钙型、钛钙型等几种。粉剂中一般含有较多的铁粉，其目的是增加焊丝的熔敷效率；增加焊丝整个截面熔化的均匀性和粉剂的流动性。

5. CO₂ 焊焊丝应根据熔敷金属力学性能、焊接位置及焊丝类别特点（如气体保护类型、电源种类、渣系特点等）进行选用。

6. 细丝 CO₂ 焊常用的焊丝直径一般为 ¢0.8、¢1.0、¢1.2、¢1.4 等几种，适用于薄板焊接。

二、CO₂ 气体

焊接用的 CO₂ 一般是将其压缩成液体储存于钢瓶内。CO₂ 气瓶的容量为 40 L，可装 25 kg 的液态 CO₂，占容积的 80%，满瓶压力为 5 ~ 7 MPa，气瓶外表涂银白色，并标有黑色"液化二氧化碳"的字样。

液态 CO₂ 在常温下容易汽化。溶于液态 CO₂ 中的水分易蒸发成水汽混入 CO₂ 气体中，影响 CO₂ 气体的纯度，降低焊缝金属的力学性能及产生气孔。因此焊接用 CO₂ 气体的纯度应大于 99.5%，含水量不超过 0.05%。

在使用 CO₂ 气体时，不能将气瓶内的气体全部用完。由于在气瓶内汽化的 CO₂ 气体含水量与气体压力有关，随着使用时间的增长，瓶内压力降低，水汽增多。当瓶内气体压力从 5 ~ 7 MPa 下降到 0.5 MPa 时，CO₂ 气体中水汽的含量增加三倍。如果在此低压力进行焊接时，焊缝中容易产生气孔。因此为保证焊接质量，要求当气瓶内的气体压力降低到 0.98 MPa 时，就不能继续使用。这样还可以提高再次灌气后的气体纯度。

提示：CO₂ 气瓶内的压力与外界温度有关，其压力随着外界温度的升高而增大，因此 CO₂ 气瓶严禁靠近热源或置于烈日下暴晒，以免压力增大发生爆炸危险。

第四节　CO₂ 气体保护焊设备

CO₂ 气体保护焊设备有半自动焊设备和自动焊设备。其中 CO₂ 半自动焊在生产中应用较广，常用的 CO₂ 半自动焊设备如图 6 - 1 所示，主要由焊接电源、焊枪及送丝系统、CO₂ 供气系统、控制系统等部分组成。

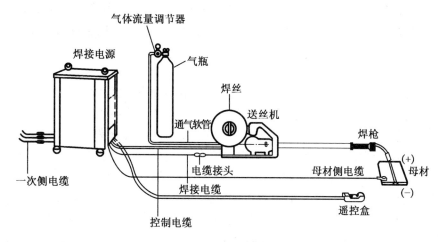

图 6 - 1 CO₂ 半自动焊设备示意图

一、焊接电源

1. 焊接电源的种类

CO_2 焊采用交流电源焊接时,电弧不稳定,飞溅较大,所以必须使用直流电源。通常选用具有平硬特性的直流电源。为保证焊接过程的稳定性,CO_2 焊都采用直流电源负极性接法。

2. 焊接电源的外特性

由于 CO_2 焊电流密度大,而且 CO_2 气体对电弧有较强的冷却作用,所以电弧静特性曲线工作在上升段,焊丝直径越小,电流密度越大,电弧静特性曲线斜率越大。为满足电弧稳定燃烧,CO_2 焊在等速送丝的条件下焊接时,应采用电弧自身调节作用最好的平硬外特性,以达到恢复电弧稳定状态的目的,如图 6 - 2 所示。

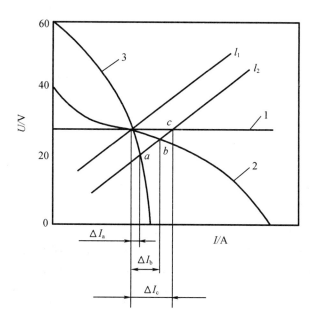

图 6 - 2 焊接电源外特性与电弧自身调节作用关系示意图
1—平硬特性曲线;2—缓降外特性曲线;3—陡降外特性曲线

由图可见,当电弧长度变化相同时,平硬特性曲线所引起的焊接电流变化最大,其次是缓降外特性曲线,最后是陡降外特性曲线,即 $\Delta I_c > \Delta I_b > \Delta I_a$。因此平硬外特性电源的电弧自身调节作用最好。

3. 焊接电源的负载持续率

焊接设备在使用时都会发热,温度升高。如果温度太高,会使设备的绝缘保护层损坏,导致设备短路烧毁,因此必须了解焊机的额定焊接电流、负载持续率以及它们之间的关系。

(1)负载持续率 焊接时焊机负载的时间占选定时间的百分率。

负载持续率 = 在工作周期中焊接电源的负载时间/选定的工作周期 × 100%

= 焊接时间/(焊接时间 + 空载时间) × 100%

焊接时,温度的升高与焊接电源提供的电流大小有关,同时也与焊接电源的使用状态相关。如焊接电流越大,发热量越大,温度越高;同一焊接电流,连续焊接时间越长,温度越高。因此焊接时,为保证焊机的温度升高在允许值内,连续焊接时间时的电流尽可能选用小一些;采用断续焊接时,可选用稍大一些的电流。鉴于此,就规定了一个额定负载持续率。

(2)额定负载持续率 我们国家规定焊机的额定负载持续率一般为 60%,即在 5 min 的焊接工作周期中,3 min 为焊接时间,2 min 为清渣等辅助工作时间(也称焊机空载时间)。

(3)额定焊接电流 在额定负载持续率下,允许使用的最大焊接电流称为额定焊接电流。

(4)允许使用的最大焊接电流 当负载持续率低于 60% 时,允许使用的最大焊接电流比额定焊接电流大,负载持续率越低,允许使用的焊接电流越大。当负载持续率高于 60% 时,允许使用的最大焊接电流比额定焊接电流小,可按下式计算允许使用的最大焊接电流:

允许使用的最大焊接电流 = 额定负载持续率/实际负载持续率 × 额定焊接电流

二、送丝系统及焊枪

1. 送丝系统

送丝系统由送丝机(包括电动机、减速器、校直轮和送丝轮)、送丝软管、焊丝盘等组成,如图 6 - 3 所示。

CO_2 半自动焊的焊丝送给为等速送丝,其送丝方式主要有拉丝式、推丝式和推拉式三种。

(1)拉丝式如图 6 - 4(a)所示,拉丝式的焊丝盘、送丝机构与焊枪连接在一起,这样就不用软管,避免了焊丝通过软管的阻力,送丝均匀稳定,但结构复杂,质量增加。拉丝式只适用细焊丝(直径为 0.5 ~ 0.8 mm),操作的活动范围较大。

(2)推丝式如图 6 - 4(b)所示,推丝式的焊丝盘、送丝机构与焊枪分离,焊丝通过一段软管送入焊枪,因而焊枪结构简单,质量减轻,但焊丝通过软管时会受到阻力作用,故软管长度受到限制,通常推丝式所用的焊丝直径宜在 0.8 mm 以上,其焊枪的操作范围在 2 ~ 4 m 以内。目前 CO_2 半自动焊多采用推丝式焊枪。

(3)推拉丝式如图 6 - 4(c)所示,推拉丝式具有前两种送丝方式的优点,焊丝送给时以推丝为主,而焊枪内的送丝机构,起着将焊丝拉直的作用,可使软管中的送丝阻力减小,因此增加了送丝距离(送丝软管可增长到 15 m 左右)和操作的灵活性,但焊枪及送丝机构较为复杂。

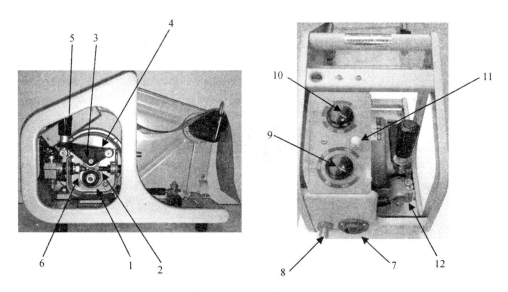

图6-3 推丝式送丝机构图

1—送丝滚轮；2—压紧滚轮；3—加压轮支架；4—电动机；5—加压手柄；6—导管接头；7—焊枪电源控制线接头；
8—气管接头；9—电流调节开关；10—电压调节开关；11—手动送丝开关；12—焊枪导管接头

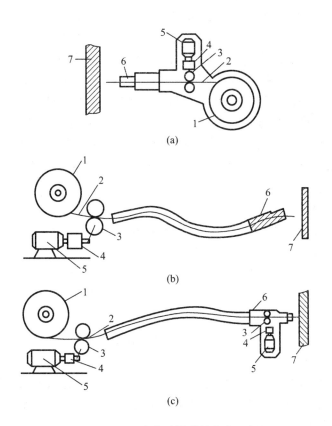

图6-4 CO_2半自动焊送丝方式示意图

（a）拉丝式；（b）推丝式；（c）推拉丝式

1—焊丝盘；2—焊丝；3—送丝滚轮；4—减速器；5—电动机；6—焊枪；7—焊件

2. 焊枪

焊枪的作用是导电、导丝、导气。按送丝方式可分为推丝式焊枪和拉丝式焊枪;按结构可分为鹅颈式焊枪和手枪式焊枪;按冷却方式可分为空气冷却焊枪和内循环水冷却焊枪。鹅颈式空气冷却焊枪应用最广,如图 6 – 5 所示。

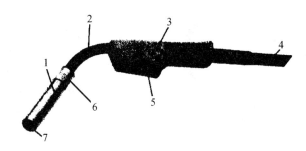

图 6 – 5 鹅颈式空气冷却焊枪示意图
1—喷嘴;2—鹅颈管;3—焊枪手把;4—电缆;
5—焊枪开关;6—绝缘接头;7—导电嘴

半自动焊枪是由导电嘴、喷嘴、弹簧管、导电杆(在鹅颈管内)、开关、手把等组成。其中导电嘴和喷嘴是焊枪上最重要的部件,对焊接质量起着重要影响。

导电嘴是由铜或铜合金制成,内孔径应比焊丝直径大 0.13 ~ 0.25 mm,并通过螺纹牢固地固定在焊枪本体上。焊接时,由它将电流传导给焊丝,导电嘴通过导电杆经焊接电缆与焊接电源相连接。导电嘴的内部表面应光洁,利于焊丝的送给和导电。

一般情况下,导电嘴安装好以后与喷嘴端口的位置,缩进 0 ~ 3 mm 的距离。焊接时应定期检查导电嘴,如发现孔径磨损或由于飞溅而堵塞时,应立即更换。

喷嘴应使保护气体平稳地流出,并覆盖在焊接区。目的是防止焊丝端头、电弧空间和熔池金属受到空气的侵蚀。喷嘴的直径一般为 10 ~ 22 mm。使用时根据焊接电流的大小进行选择。焊接电流较大,产生的熔池较大,选择直径大的喷嘴;焊接电流较小,产生的熔池较小,选择直径小的喷嘴。

3. CO₂ 供气系统

CO₂ 的供气系统是由气瓶、预热器、干燥器、减压器、流量计和气阀组成。

瓶装的液态 CO₂ 汽化时要吸热,吸热反应可使瓶阀及减压器冻结,所以在减压器之前,需经预热器加热,并在输送到焊枪之前,应经过干燥器吸收 CO₂ 气体中的水分,使保护气体符合焊接要求。减压器是将瓶内高压 CO₂ 气体调节为低压(工作压力)气体,流量计是控制和测量 CO₂ 气体的流量,以形成良好的保护气流。电磁气阀控制 CO₂ 气的接通与关闭。现在生产的减压流量调节器是将预热器、减压器和流量计合为一体,使用起来很方便。

4. CO₂ 焊控制系统

CO₂ 焊控制系统是保证将气体从气站或气瓶输送到焊枪,并从焊枪口喷出,以保护焊接区的装置,它的作用是对供气、送丝和供电系统实现控制。它是由气站或气瓶、减压流量计(带预热器)、电磁气阀、皮管等组成。

(1)气站或气瓶 是用作储存 CO₂ 气体的,使用时它通过汽化、预热、减压,以一定的流量供给焊枪。

（2）减压流量计（带预热器）　是用于将高压 CO_2 气体预热、减压并调节气体流量。由于 CO_2 气体从液态转为气态时要吸收大量的热量，容易造成局部剧烈降温，而且经过减压后的气体体积膨胀，会使气体温度下降，这样容易使减压器出现霜冻，造成气路阻塞，影响焊接正常进行。因此必须将 CO_2 气体在减压前进行预热。

（3）电磁气阀　是控制保护气体接通或切断的一种阀门。它具有提前送气或延迟切断气流的功能，以加强对焊接熔池的保护。

CO_2 半自动焊的控制程序如图 6-6 所示。

图 6-6　CO_2 半自动焊的控制程序方框图

第五节　CO_2 气体保护焊的焊接工艺参数

CO_2 气体保护焊的主要焊接工艺参数（又称焊接规范）有焊丝直径、焊接电流、电弧电压、焊接速度、焊丝伸出长度、气体流量、电源极性和回路电感等。熟悉焊接工艺参数的应用和调节，是提高生产率及保证焊接质量的重要因素。

一、焊丝直径

焊丝直径应根据焊件厚度、焊接空间位置及生产率的要求来选择。当焊接薄板或中厚板的立、横、仰焊时，一般采用直径 1.2 mm 以下的焊丝；在平焊位置焊接中厚板时，可以采用直径 1.2 mm 以上的焊丝。

二、焊接电流

焊接电流的大小根据焊件厚度、坡口型式、焊丝直径、焊接位置及熔滴过渡形式来确定。一般情况下，在焊丝直径一定时，焊接电流的增加，使焊丝送给速度加快，则焊缝厚度、焊缝宽度及余高都相应增加。通常直径 0.8~1.6 mm 的焊丝，在短路过渡时，焊接电流在50~230 A 内选择。细滴过渡时，焊接电流在 250~500 A 内选择。

当焊接电流过大时，焊缝容易产生飞溅、焊穿及产生气孔等缺陷。反之，焊接电流过小时，电弧燃烧不稳定，容易产生未焊透和成型不良等缺陷。因此采用合适的焊接电流以及焊接电流调节与电弧电压相匹配是相当重要的。

三、电弧电压

电弧电压必须与焊接电流配合恰当，否则会影响到短路过渡频率、焊缝成型、焊缝性能及焊接过程的稳定性。电弧电压随着焊接电流的增加而增大。电弧电压过低，弧长过短，会引起焊丝插入熔池的现象，使飞溅增大，导致焊接过程不稳定；电弧电压过高，弧长过长，短路过渡频率下降，电弧燃烧的时间和短路时间相应延长，使熔滴边粗，飞溅的颗粒尺寸增大，金属飞溅量增加，导致焊缝的氧化性加剧，力学性能、抗腐蚀性能下降，焊缝边缘不齐，成型不良等。短路过渡焊接时，电弧电压可按下述经验公式推算

$$U = 16 + 0.04 I$$

式中　U——电弧电压；

　　　I——焊接电流。

四、焊接速度

在一定的焊丝直径、焊接电流和电弧电压条件下，随着焊速增加，焊缝宽度、焊缝余高与焊缝厚度相应减小。焊速过快，不仅气体保护效果变差，还可能出现气孔，而且还易产生咬边及未熔合等缺陷；焊速过慢，焊缝宽度显著增加，熔池热量集中，焊接变形增大，而且焊接生产效率降低。

五、焊丝伸出长度

焊丝伸出长度是指焊丝从导电嘴伸出的距离。焊丝伸出长度取决于焊丝直径，一般约等于焊丝直径的 10 倍，且不超过 20 mm。伸出长度过大，焊丝的电阻值增大，焊丝容易发生过热，造成成段熔断、焊接稳定性变差、飞溅严重、气体保护效果差；伸出长度过小，不但容易造成飞溅物堵塞喷嘴，影响保护效果，也影响焊工视线。

六、CO_2 气体流量

CO_2 气体流量应根据焊接电流、焊接速度、焊丝伸出长度及喷嘴直径等选择，过大或过小的气体流量都会影响气体保护效果。通常在细丝 CO_2 焊时，CO_2 气体流量为 8 ~ 15 L/min；粗丝 CO_2 焊时，CO_2 气体流量为 15 ~ 25 L/min。

七、电源极性与回路电感

为了减少飞溅，保证焊接电弧的稳定性，CO_2 焊应选用直流反接。焊接回路的电感值应根据焊丝直径和电弧电压来选择，如焊接过程稳定，飞溅少，则电感值合适。

第六节　药芯焊丝 CO_2 焊

药芯焊丝又称管状焊丝，是继实芯焊丝之后广泛应用的又一类焊接材料，使用药芯焊丝作为电极的各种电弧焊称为药芯焊丝电弧焊。药芯焊丝电弧焊根据外加保护方式不同分为药芯焊丝气体保护电弧焊、药芯焊丝埋弧焊及药芯焊丝自保护焊。药芯焊丝气体保护焊又有药芯焊丝 CO_2 气体保护焊、药芯焊丝熔化极惰性气体保护焊和药芯焊丝混合气体保护焊等。其中应用最广的是药芯焊丝 CO_2 气体保护焊。

一、药芯焊丝 CO_2 焊的基本原理

药芯焊丝 CO_2 焊的基本原理与普通熔化极气体保护焊一样，是以可熔化的药芯焊丝作为电极及填充材料，在外加气体 CO_2 的保护下进行焊接的电弧焊方法。与普通熔化极气体保护焊的主要区别在于焊丝内部装有药粉，焊接时，在电弧热作用下熔化状态的药芯焊丝、焊丝金属、母材金属和保护气体相互之间发生冶金作用，同时形成一层较薄的液态熔渣包覆熔滴并覆盖熔池，对熔化金属形成了又一层的保护。实质上这种焊接方法是一种气渣联合保护的方法，如图 6 - 7 所示。

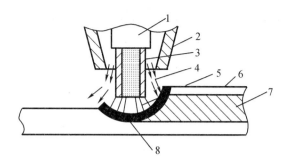

图6-7 药芯焊丝气体保护焊示意图

1—导电嘴;2—喷嘴;3—药芯焊丝;4—CO_2 气体5—电弧;6—熔渣;7—焊缝;8—熔池

二、药芯焊丝 CO_2 焊的特点

药芯焊丝 CO_2 焊在综合了焊条电弧焊和实芯焊丝 CO_2 焊优点的基础上,又进一步显示其主要优点:

1. 采用气渣联合保护,保护效果好,抗气孔能力强,焊缝成型美观,电弧稳定性好,飞溅少且颗粒细小。

2. 焊丝熔敷速度快,熔敷速度明显高于焊条,并略高于实芯焊丝,熔敷效率和生产率都较高,生产率比焊条电弧焊高3~5倍,经济效益显著。

3. 对各种钢材的适应性强,通过调整焊芯中药粉的成分与比例就可焊接和堆焊不同成分的钢材,因此适应性比实芯焊丝强。

4. 由于药粉改变了电弧特性,对焊接电源无特殊要求,交、直流、平缓外特性均可使用。

不足之处:焊丝制造过程复杂;送丝较实心焊丝困难,需要采用降低送丝压力的送丝机构等;焊丝外表容易锈蚀、药粉容易吸潮。因此使用前应对焊丝外表进行清理;使用后如焊丝未用完,应将焊丝包扎好。

药芯焊丝与实芯焊丝的焊接工艺性比较见表6-1。

表6-1 药芯焊丝与实芯焊丝的焊接工艺性比较

焊接工艺性	药芯焊丝	实芯焊丝
焊缝外观	平滑美观	稍呈凸状
电弧稳定性	很好	较好
熔滴过渡	微细颗粒过渡	颗粒状过渡
电弧挺度	软弧	硬弧
飞溅量	颗粒小且量少	颗粒大且量多
熔渣熔敷性	覆盖均匀	覆盖不均匀
脱渣性	良好	稍差
熔深	较深	深
送丝性能	稍差	良好
焊接烟尘量	稍多	一般
全位置焊接性能	良好	稍差

表 6-1(续)

熔敷速度(相同条件下)	很快	快
熔敷效率(%)	一般	良好
熔渣、飞溅的去除	容易	困难
适用电流范围	大	一般

习　题

一、判断题

1. CO_2 焊采用高硅、高锰型焊丝,具有较强的还原和抗锈能力。因此焊缝不易产生气孔。(　　)

2. 氧化性气体由于本身氧化性较强,因此不适宜作为保护气体。(　　)

3. 细丝 CO_2 焊焊接电源的电弧静特性曲线是上升的。(　　)

4. CO_2 焊过程中,若在焊接熔池中没有足够的脱氧元素,会使焊缝的力学性能降低。(　　)

5. 由于 CO_2 焊时只有很少的熔渣,所以其焊接质量比焊条电弧焊和埋弧焊差一些。(　　)

6. CO_2 焊常用的实心焊丝牌号是 H08Mn2SiA。(　　)

7. CO_2 焊时,一般要求常用平硬或上升外特性的焊接电源和等速制给送焊丝。(　　)

8. CO_2 焊在焊接回路中串联电感器的作用是防止气孔。(　　)

9. CO_2 焊时,细丝焊的短路电流增长速度比粗焊丝的短路电流增长速度低。(　　)

10. 细丝 CO_2 焊,最宜采用短路过渡形式。(　　)

11. 不论焊丝直径粗细,CO_2 焊时熔滴均采用短路过渡形式,才能获得良好的成型焊缝。(　　)

12. 推拉式送丝机构适用于长距离给送焊丝。(　　)

13. 焊接用 CO_2 气体是由钢瓶内装的液态 CO_2 气化而来的。(　　)

14. 药性焊丝 CO_2 焊属于气-渣联合保护。(　　)

15. 为保证焊接过程的稳定性,CO_2 焊都采用直流电源反极性焊法。(　　)

16. 细丝 CO_2 焊广泛采用陡降外特性的焊接电源。(　　)

17. 粗丝 CO_2 焊最适宜采用具有平硬外特性的焊接电源。(　　)

18. 细丝 CO_2 焊采用等速送丝系统,而粗丝焊则采用变速送丝系统。(　　)

19. 导电嘴安装好以后与喷嘴端口的位置,最合适的是缩进 0~3 mm 的距离。(　　)

20. 对推式送丝用的软管弹簧管内孔,一般要求比焊丝直径大,但不大于0.5 mm。(　　)

21. CO_2 气路内的预热器的作用是防止减压器冻结或气路堵塞。(　　)

22. CO_2 焊时,因为 CO_2 气体具有冷却作用,所以应先引燃电弧,1.0~2.0 s 后再通 CO_2 气体,这样就能保持电弧的稳定燃烧。(　　)

23. CO_2 焊过程中,往往以调节送丝速度来达到改变焊接电流大小的目的。(　　)

24. 当采用直流电源正接 CO_2 焊时,焊缝熔透深、飞溅少。( )

25. 为确保 CO_2 焊接过程气体保护的效果,应选用喷嘴孔径越大越好。( )

26. 在焊丝直径一定时,焊接电流的增加,使焊丝送给速度加快,则焊缝厚度、焊缝宽度相应减小,余高增加。( )

27. 电弧长度短,电流密度高,这是 CO_2 焊喷射过渡的显著特征。( )

28. 药芯焊丝芯部加入铁粉,目的是增加焊丝的熔敷效率;增加焊丝整个截面熔化的均匀性和粉剂的流动性。( )

29. 药芯焊丝在焊接时会产生较多熔渣,因此它的脱渣性比实芯焊丝稍差。( )

30. 在相同的条件下,药芯焊丝的熔敷速度要比实芯焊丝快。( )

二、填空题

1. CO_2 焊的特点是_____、_____、_____、_____、_____和_____。

2. CO_2 焊用焊丝按直径大小可分为_____和_____两种。

3. CO_2 焊时,由于_____大和保护气体对弧柱的_____强,所以 CO_2 焊电弧静特性是_____的。

4. CO_2 焊时,焊接过程的_____、_____以及_____,在很大程度上与熔滴过渡特性有关。

5. CO_2 焊熔滴过渡形式主要有_____、_____和_____三种形式。

6. CO_2 焊短路过渡周期可分为_____、_____、_____和_____等四个间隔期。

7. CO_2 焊时,通常在焊接回路中_____,以调节合适的_____,来调节_____的增长速度。

8. 采用 CO_2 焊进行厚板平对接焊接时,熔滴过渡形式可采用_____形式,但必须提高_____和_____。

9. CO_2 焊用 CO_2 气体的纯度要求不低于_____。

10. 药芯焊丝采用_____联合保护,保护效果好,_____强,焊缝成形_____,电弧稳定性_____,飞溅_____且_____小。

11. CO_2 气瓶容量为_____,每瓶可装_____液态 CO_2。

12. CO_2 气瓶外涂成_____漆,并标有_____色的_____字样。

13. CO_2 焊机主要由_____、_____、_____,以及_____组成。

14. CO_2 焊送丝机构的给送方式有_____、_____和_____三种。常用的是_____。

15. CO_2 半自动焊的送丝系统由_____、_____、_____等组成。

16. CO_2 焊时可能产生的气孔有_____、_____、_____其中以_____气孔最常见。

17. CO_2 焊用焊枪的作用是_____、_____和_____。

18. CO_2 焊机的供气系统由_____、_____、_____、_____、_____及_____等组成。

19. CO_2 焊的控制系统程序_____、_____、_____、_____、_____、_____。

20. CO_2 焊气体使用时是通过_____、_____、_____,以一定的_____供给

焊枪。

21. CO₂焊的焊接工艺参数主要是_____、_____、_____、_____、_____、_____、_____以及_____等。

22. 电磁气阀是控制保护气体_____或_____的一种阀门。它具有_____或_____的功能,以加强对_____的保护。

23. CO₂焊时,细丝焊的气体流量为_____ L/min;粗丝焊的气体流量为_____ L/min。

24. 焊丝伸出长度取决于_____,一般约等于焊丝直径的_____倍,且不超过_____mm。伸出长度_____,焊丝的_____增大,焊丝容易发生_____,造成_____、_____、_____、_____。

25. 我们国家规定焊机的额定负载持续率一般为_____,即在_____ min的焊接工作周期中,_____ min为焊接时间,_____ min为清渣等辅助工作时间。

习题答案

一、判断题

1. (√)2. (×)3. (√)4. (√)5. (×)6. (√)7. (√)8. (×)9. (×)10. (√)

11. (×)12. (√)13. (√)14. (√)15. (√)16. (×)17. (×)18. (√)19. (√)

20. (√)21. (√)22. (×)23. (√)24. (×)25. (×)26. (×)27. (×)28. (√)

29. (×)30. (√)

二、填空题

1. 生产效率高　成本低　焊接质量好　操作性能好　焊接应力和变形小　适用范围广

2. 细丝　粗丝

3. 电流密度　冷却作用　上升

4. 稳定性　飞溅量　焊缝质量

5. 短路过渡　颗粒状过渡　喷射过渡

6. 短路　电弧熄灭　电弧重新引燃　电弧燃烧

7. 串联电感　电感值　短路电流

8. 喷射过渡　电流密度　电弧电压

9. 99.5%

10. 气渣　抗气孔能力　美观　好　少　小

11. 40 L　25 kg

12. 银白色　黑色　液化二氧化碳

13. 焊接电源　焊枪　送丝系统　CO₂供气系统　控制系统

14. 拉丝式　推丝式　推拉式　推丝式

15. 送丝机　送丝软管　焊丝盘

16. CO气孔　氢气孔　氮气孔　氮气孔

17. 导电　导丝　导气

18. 气瓶　预热器　干燥器　减压器　流量计　气阀

19. 启动　提前送气　送丝供电　开始焊接　停丝停电　停止焊接　滞后停气

20. 汽化　预热　减压　流量

21. 焊丝直径 焊接电流 电弧电压 焊接速度 焊丝伸出长度 气体流量 电源极性 回路电感

22. 接通 切断 提前送气 延迟切断气流 焊接熔池

23. 8～15 15～25

24. 焊丝直径 10 20 过大 电阻值 过热 成段熔断 焊接稳定性变差 飞溅严重 气体保护效果差

25. 60% 5 3 2

第七章 二氧化碳气体保护焊半自动焊操作技术

CO_2 焊中,在其他条件保证时,焊缝是否获得良好的成形,是否产生焊接缺陷,将取决于焊工的操作技术。因此焊工的操作技能是焊接生产过程中关键环节,本节将着重介绍 CO_2 焊的基本操作技术以及一些在焊接生产中的安全操作技术。

第一节 焊接安全操作技术

船舶制造是由许多工种同时施工、立体作业,而且施工环境比较复杂,焊工在焊接时要与电、可燃及易爆的气体、木材、电器、油漆、家具等接触,在焊接过程中还会产生一些有害气体、烟尘、电弧光的辐射、焊接热源的高温及噪声和射线等。如果焊工不熟悉安全知识,不遵守安全操作规程,就可能发生触电、灼伤、火灾、爆炸、中毒、窒息等安全事故。这不仅给国家财产造成经济损失,而且直接影响焊工及其他工作人员的人身安全。因此只有从思想上重视安全生产,增强安全责任感,熟悉安全操作规章制度和措施,才能有效避免和杜绝安全事故的发生。

一、"十不焊割"

为了防止意外事故的发生,在进行焊接切割工作以前首先要做到"十不焊割"。这是遵守安全操作规程的首要原则。

1. 焊工无安全操作证,又没有正式焊工在场指导,不能单独焊割。

2. 凡属一、二、三级动火范围的作业,未经审批,不得擅自焊割。

3. 不了解作业现场及周围的情况,不能盲目焊割。

4. 不了解焊割设备内部是否安全,不能盲目焊割。

5. 盛装过易燃易爆、有毒物质的各种容器,未经彻底清洗,不能焊割。

6. 用可燃材料做保温层的部位及设备,未采取可靠的安全措施,不能焊割。

7. 有压力或密封的容器、管道不能焊割。

8. 附近堆有易燃易爆物品,在未彻底清理或采取有效的安全措施前,不能焊割。

9. 作业部位与外单位相接触,在未弄清对外单位是否有影响,或明知危险而未采取有效的安全措施,不能焊割。

10. 作业场所附近有与明火相抵触的工种,不能焊割。

二、正确穿戴和使用劳动防护用品

由于焊接电弧产生强烈的光和高热,其中紫、红外线对焊工的眼睛和皮肤具有较大的刺激性,稍不注意就容易引起电光性眼炎和皮肤灼伤。为了预防弧光的伤害和触电,必须具备完好的劳动防护用品,如穿戴白色帆布工作服和帽子,穿绝缘鞋,戴皮手套,使用带有电焊防护玻璃的面罩等。

三、防止触电

电流通过人体对人产生程度不同的伤害。当通过人体的电流强度超过 0.05 A 时,就有生命危险,0.1 A 电流通过人体 1 s 就足以使人致命。通过人体电流的大小,决定于网路电压和人体电阻,人体电阻除自身电阻外还附加有衣服和鞋袜等电阻。如站在干燥的场地,穿着干燥的衣服和鞋袜就明显地增大人体的电阻;反之则使人体电阻降低。人在过度疲劳或神志不清的状态下,人体电阻也会下降。所以焊工首先要有提高自身电阻的意识来防止触电,特别是在阴雨天或潮湿狭小的地方工作更要注意防护。焊接时发生触电事故大致可分为两类:一类是直接触及电焊设备正常运行时的带电体,或靠近高压电网和电气设备所发生的电击,即所谓直接电击;另一类是触及意外带电体所发生的电击,即所谓间接电击。焊接时发生直接电击事故原因主要有:

1. 在焊接操作中,手或身体某些部位接触到电焊条、焊钳或焊枪的带电部分,而脚或身体其他部位对地和金属结构之间无绝缘防护。

2. 在带电接线、调节焊接电流和移动焊接设备时,手或身体某些部位碰到接线柱、极板等带电体而触电。

(1)焊接时发生间接电击事故的原因主要有:

①电焊设备的罩壳漏电,人体碰触而触电。

②由于电焊设备或线路发生故障,或者接线错误而引起的事故。

③操作中,人体触及绝缘破损的电缆、破裂的胶木闸盒等。

④由于利用厂房的金属结构、管道、轨道、行车吊钩或其他金属物件搭接作为焊接回路而发生的触电事故。

(2)应采取的防护措施有:

①焊接中使用的各种设备的外壳必须接地或接零,接地线或接零线要严格按规定接牢。

②电焊设备的安装、修理和检查应由电工进行,焊工不要私自拆修电焊设备。

③使用的工作照明灯的电压应不大于 36 V。

④推拉闸刀时,必须戴皮手套,脸部应偏侧些,避免可能产生的电弧火花而灼伤脸部。

⑤焊工的工作服、手套、胶鞋应保持干燥。身体出汗后衣服潮湿或在潮湿的地方焊接,切勿靠在钢板上,应用干燥的木板、橡胶绝缘垫等隔离,以防触电。

⑥在狭小舱室或容器内焊接时,应加强通风和绝缘措施,并实行两人轮换工作的监护制度。

⑦焊机与配电盘连接的电源线不宜过长,一般不超过 3 m。如确需用较长的电源线时,应架空 2.5 m 以上,禁止将电源线拖在工作现场地面上。

⑧遇到焊工触电时,不可赤手去拉触电人,应迅速将电源切断再进行抢救。如触电者呈现昏迷状态,应立即施行人工呼吸,并立即送往医院。

四、防止火灾和爆炸

焊接过程中有大量的金属熔滴和飞溅物,极易引起烫伤或火灾甚至爆炸事故。因此焊工应特别注意。防止火灾和爆炸的安全措施如下:

1. 焊接前,要检查施焊场所附近有无易燃和易爆物。焊接处 10 m 以内不得有可燃易爆物,高空作业时更应注意火花的飞向和影响范围。

2. 存放易燃易爆物的容器或舱室未经清洗严禁施焊。

3. 严禁在内有压力的容器上进行焊接。焊接管子、容器时,必须把孔盖、阀门打开。

4. 严禁将易燃易爆管道作焊接回路使用。焊条头不得随便乱扔,防止伤人或引起火灾。

5. 在舱内和房间内施焊时,必须先查明施焊舱壁和房间壁背面的情况,如有可燃易爆物必须先排除再焊。焊接时要有专人看护并备好合格的消防器材。

6. 在机舱内焊接时,必须防止电焊火花溅入机器和其他机件上。

五、防止气体中毒

1. 在狭小的工作场所(如船体双重底舱内及其他容器中)焊接时,应配置抽风机排除烟尘,更换舱内和容器内的空气。同时还应戴上防尘口罩。

2. 夏天工作时,为了防止焊工中暑,必须做好防暑降温工作。

六、高空焊接的安全技术

船舶焊接工作经常是在高空操作,而且常在露天进行,因此必须注意高空焊接操作的安全。

1. 凡登高进行焊割作业或进入高处(2 m 以上的高度)作业区域,必须戴好安全帽,使用标准的安全带,安全绳的保险钩要系扣在牢固的结构件上。

2. 登高作业时,应使用符合要求的竹梯或脚手架,并要有防滑措施。切不可垫凳子或其他滑、硬不稳的物体。焊割用橡皮胶管、手把焊钳软线等严禁缠绕在身上或搭在肩上操作。

3. 在登高焊割作业点周围及下方地面上火星所及的范围内,必须仔细检查上面有无吊运作业,下面有无人和易燃易爆物品方可动火作业。焊割结束后必须检查是否留下火种,确认安全后才能离开现场。

4. 焊工在高架脚手架上拖拉电缆时,更要注意周围的环境条件,不要用力过猛,拉倒别人或摔伤自己。所携带的工具、物件必须放置稳妥。严禁将物件(如工具、余料、焊条头等)随手往下扔,以免造成意外事故。

七、防止弧光辐射

1. 焊工必须戴带有电焊护目玻璃的面罩,面罩不能漏光,以免弧光伤眼部和脸部。

2. 焊工应穿好工作服和戴好皮手套,以免弧光灼伤皮肤。

3. 焊工之间作业点较近时,应采用防护屏,以防弧光辐射伤害。

八、二氧化碳保护焊安全技术操作规程

1. 操作前应检查设备、电气线路、管路或气瓶皮带是否完好,确认正常,方可操作。

2. 焊接场地应保持通风良好,不得在狭小舱室或密封的地方焊接。

3. 在开启二氧化碳气瓶时,操作者必须站立在瓶口的侧面,以防接头弹出伤人。

4. 焊接前,预热器先预热数分钟。焊接时必须思想集中,防止焊丝头甩出伤人。

5. 在移动二氧化碳气瓶时,应防止压坏焊接电缆,以免漏电,发生事故。

6. 二氧化碳气瓶,严禁日光暴晒。冻结时严禁火烤或电加热解冻。

7. 在检修焊机时,必须切断电源、气源,防止发生危险。

8. 工作结束,应关闭电源、气源,放好工具和设备,检查现场,灭绝火种。

第二节　CO₂气体保护焊焊机的使用

一、CO₂焊机电源主机的使用

1. 焊机的开启

焊机使用时,先将主电源开关接通,表示电源已输入的指示灯亮;接通焊接回路,合上控制电源开关,冷却风扇运转,焊机进入正常工作状态。

2. 气体检验开关使用

在CO_2气瓶或气路上接好预热器或流量计,打开CO_2气阀,处于供气状态。然后在焊机的控制面板上,将气体开关拨在"气检"位置,此时电磁阀开启,可按需求调节气体流量的大小,调节好以后将此开关拨在"焊接"的位置等待焊接使用。

3. 收弧开关的使用

CO_2焊机有两套电流/电压调节器,一套设在主机控制面板上,主要是收弧电流调节旋钮和收弧电压旋钮。另一套设在送丝机构上,调节焊接电流和焊接电压。当收弧开关处于"无"位置时,按下焊枪开关开始焊接,松开开关即停止焊接。

当收弧开关处于"有"位置时,按下焊枪开关开始焊接,松开开关仍可进行焊接。当再次按下焊枪开关后,焊接转入收弧状态,即较小的收弧电流和收弧电压,便于填满弧坑,松开开关时停止焊接,适合于长焊缝的焊接。如图7-1所示为常用电源主机正面控制面板示意图。

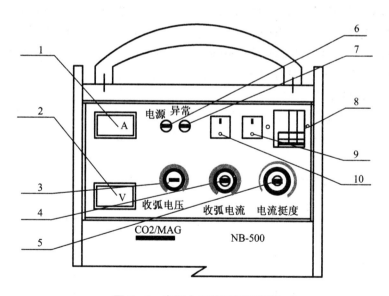

图7-1　电源主机前面板示意图

1—输出电流表;2—输出电压表;3—收弧电压调节;4—收弧电流调节;
5—电弧挺度调节;6—电源指示灯;7—焊机工作异常指示灯;8—空气开关;
9—气体检查开关;10—收弧选择开关

二、CO₂ 焊机送丝机构的使用

1. 远控盒使用

远控盒即设在送丝机构上的焊接电流和焊接电压调节钮,分别用于设定焊接过程中的电流和电压。并附带有点动送丝按钮,用于送丝机的快速送丝,送丝速度可通过调节焊接电流调节钮调节,如图 7 - 2 所示。

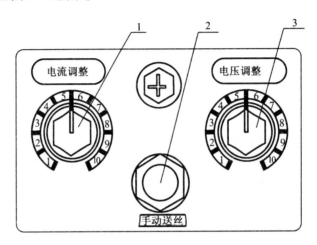

图 7 - 2 远控盒示意图

1—焊接电流调节旋钮;手动送丝按钮;2—焊接电压调节旋钮

2. 送丝滚轮和压紧装置的使用

送丝机构上的送丝滚轮有两种焊丝直径可选用,并在送丝滚轮的侧面刻有焊丝直径尺寸,以便使用时选择。安装好焊丝后,调节可移动加压器,在移动加压器刻有不同焊丝的加压选用值,操作时只需将移动加压器调整到所虚的数值即可。然后按下远控盒上的点动送丝按钮,快速送丝至焊枪前,从导电嘴伸出约 20 mm 后停止。

3. 送丝校直轮的使用

送丝机构上的校直轮一共有三个,按上一下二布置,使焊丝从上下校直轮的当中通过,把有曲度的焊丝校直,通过送丝滚轮和压紧装置进入送丝软管。送丝校直轮可根据要求进行调节。

三、CO₂ 焊机常见故障现象、产生原因及消除方法(见表 7 - 1)

表 7 - 1 常见故障现象、产生原因及消除方法

故障现象	产生原因	消除方法
开机后,电源指示灯不亮	1. 电源缺相; 2. 电源开关损坏; 3. 保险丝损坏	1. 检查电源; 2. 更换电源开关; 3. 更换保险丝
送丝不均匀	1. 送丝电动机故障; 2. 送丝滚轮磨损; 3. 送丝软管接头松动或堵塞; 4. 导电嘴接触太紧,焊丝给送阻力太大	1. 检查修复; 2. 更换送丝滚轮; 3. 修复或清洗送丝软管; 4. 更换合适的导电嘴

表 7 - 1（续）

故障现象	产生原因	消除方法
焊丝停止送给	1. 送丝滚轮打滑； 2. 焊丝与导电嘴熔合； 3. 电动机故障； 4. 焊枪开关接触不良	1. 调整送丝滚轮上的压紧装； 2. 更换导电嘴； 3. 检查修理； 4. 检查修理或更换
焊丝给送时在送丝滚轮到送丝软管进口处发生卷曲和打结	1. 送丝软管损坏或堵塞； 2. 送丝滚轮离送丝软管进口太远； 3. 送丝滚轮上压力太大，焊丝变形； 4. 导电嘴断口碰电熔合； 5. 导电嘴孔径与焊丝配合太紧	1. 更换或清洗送丝软管； 2. 调整两者间的距离； 3. 调整相适宜的压紧力； 4. 更换导电嘴； 5. 更换导电嘴
焊接过程中发生熄弧现象，焊接规范波动很大	1. 导电嘴烧坏或送丝滚轮磨损打滑； 2. 焊接规范或电感值选择不当； 3. 导电嘴磨损过大	1. 更换导电嘴或送丝滚轮； 2. 选用合理焊接规范或电感值； 3. 更换导电嘴
气体保护不良	1. 气路系统有漏气或堵塞； 2. 电磁气阀故障； 3. 喷嘴内被飞溅堵塞； 4. 预热器冻结； 5. 气体流量不够或气体即将用完	1. 检查并修复； 2. 检查并修复； 3. 清除飞溅； 4. 待预热器升高温度后再使用； 5. 加大气体流量，检查气路是否漏气，更换气瓶

第三节　CO_2 气体保护焊的常见缺陷

CO_2 焊的常见缺陷种类、产生原因及防止方法见表 7 - 2。

表 7 - 2　CO_2 焊的常见缺陷种类、产生原因及防止方法

缺陷种类	产生原因	防止方法
气孔	1. CO_2 气体流量不足； 2. CO_2 气体纯度不够； 3. 气体预热器失效； 4. 焊丝或焊件上存有大量油脂、铁锈、氧化物、水分等杂质； 5. CO_2 气体保护不良，空气进入； 6. 电弧电压过高； 7. 喷嘴口上附有大量飞溅物	1. 检查流量表及 CO_2 气体的供气压力，如供气压力不足则调换气瓶；如流量表故障则修理或更换；当风速 >2 m/min，调高气体流量或采取防风措施； 2. 使用纯度大于 99.5% 的 CO_2 气体； 3. 检查预热器工作是否正常，如有故障则修理或更换； 4. 调节选用合适的电弧电压； 5. 清理坡口内侧和坡口两侧 10～20 mm 范围内的油脂、铁锈、氧化物等杂质，并烘干水分，焊丝表面清理干净； 6. 清除喷嘴口上的飞溅物

表 7-2(续)

缺陷种类	产生原因	防止方法
咬边	1.电弧电压过高; 2.焊接速度过快; 3.焊枪位置或角度不当	1.降低电弧电压; 2.减慢焊接速度; 3.纠正焊枪位置或角度
焊瘤	1.焊接电流过大或过小; 2.坡口角度太小; 3.焊枪角度不当; 4.焊接速度过快或过慢; 5.焊接电流与电弧电压匹配不当	1.根据焊件情况,选用合适的焊接电流,匹配相应的电弧电压; 2.纠正焊枪位置或角度; 3.调整坡口角度
夹渣及未熔合	1.焊接速度过快或过慢; 2.熔深不够; 3.焊丝运行不当	1.根据焊接电流大小,选择合适的焊接速度; 2.增大焊接电流; 3.焊接运行在熔池两边要有适当停留
弧坑裂纹	焊接收弧突然熄弧	收弧时不要突然熄灭,做好弧坑填满措施或采用焊机上的二次电流装置
飞溅严重	1.焊接电流与电弧电压匹配不当; 2.焊丝或焊件表面不干净	1.选择合适的焊接规范; 2.焊丝或焊件表面清理干净

第四节 二氧化碳气体保护焊半自动焊项目练习

CO_2 气体保护焊半自动焊简称 CO_2 焊,是以 CO_2 气体作为保护气体,依靠焊丝与焊件之间产生的电弧熔化金属的一种熔化极气体保护焊。焊丝由送丝机构通过软管经导电嘴送出,而 CO_2 气体从喷嘴内以一定的流量喷出,这样当焊丝与焊件接触引燃电弧后,连续给送的焊丝末端和熔池被 CO_2 气流所保护,防止了空气对熔化金属的危害作用。

在焊接技术方面,综合了 CO_2 焊角接全位置焊缝的焊接技术;CO_2 焊对接全位置焊缝的焊接技术;陶质衬垫 CO_2 焊平、立、横对接单面焊技术以及各类管-板 CO_2 焊接技术、管子对接 CO_2 焊接技术等。根据 CO_2 焊的焊接特性和焊接技术使用面广的特点,为保证焊接质量,在 CO_2 焊操作前,我们应做好如下的准备工作,保障焊接过程的顺利。

1.检查焊机的外部接线是否正确和牢固。

2.检查导电嘴孔径和压轧轮子上的丝槽规格是否和焊丝直径相匹配。

3.检查核实压紧滚轮的压力是否与焊丝直径相符合。

4.调节气体流量是否符合焊接要求,检查送气系统是否正常。

5.检查清理焊丝和焊件表面以及坡口内侧的铁锈、水分、油漆等杂物。

6.按照焊接工艺标准的要求调整好规范参数。

7.焊接前在喷嘴内涂上防堵塞的防堵剂(如硅油等)。

8.检查送丝过程是否畅通。

项目练习一　起弧、平敷焊

一、练习要求

1. 掌握供气系统、送丝系统和控制系统的操作方法。
2. 掌握正确的焊接操作手势。
3. 掌握准确选用焊接规范的方法。
4. 掌握平敷焊焊接焊枪角度放置和焊丝伸出长度控制。
5. 保证焊缝平直、焊波均匀；焊缝接头平整，无严重脱节、重叠；起头、收尾饱满。
6. 熟悉左焊法和右焊法的技术要领。

二、练习目的

1. 熟悉 CO_2 焊弧焊电源及其附属设备的调节、使用方法。
2. 学会 CO_2 焊的引弧方法以及直线焊接的运弧、接头、熄弧等操作技术。
3. 掌握 CO_2 焊平敷焊接焊缝宽度、高度控制的操作技巧和方法。
4. 了解左焊法和右焊法的焊接特征及应用范围。

三、安全文明生产

1. 认真执行安全技术操作规程。
2. 正确穿戴劳防保护用品。
3. 遵守文明生产规定，做到焊接场地整洁，工件、工具摆放整齐。
4. 焊接结束及时关闭电源和气源，打扫卫生，清理检查焊接现场有无安全隐患。

四、练习内容

1. 材料工具

(1) 钢材：Q235。

(2) 焊件尺寸：$L \times B \times \delta = 300 \ mm \times 100 \ mm \times 10 \ mm$。

(3) 工量具：钢丝钳、钢丝刷、锤子、焊缝测量器、角向磨光机等。

2. 焊接规范参数选用

(1) 焊丝选用：焊丝直径 $\phi 1.2$ 的药芯焊丝。

(2) 焊接电流 $I = 180 \sim 220 \ A$，电弧电压 $U = 20 \sim 25 \ V$，衰减电流（收弧控制电流）可选用正常焊接电流的 $70\% \sim 80\%$；焊丝伸出长度为焊丝直径的 $10 \sim 15$ 倍；CO_2 气体流量为 $10 \sim 15 \ L/min$。

3. 焊接方向与焊枪角度

(1) 左焊法：焊接时从操作者的右面向左面焊接，焊枪角度与焊接方向反向倾斜 $10° \sim 20°$，如图 7 - 3 所示。

(2) 右焊法：焊接时从操作者的左面向右面焊接，焊枪角度向焊接方向倾斜 $10° \sim 20°$，如图 7 - 3 所示。

(3) 左焊法与右焊法相比较的不同特点见表 7 - 3，其应用范围见表 7 - 4。

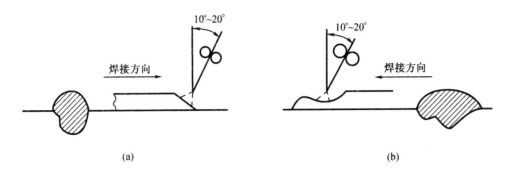

图 7-3 焊接方向与焊枪角度示意图
(a)右焊法;(b)左焊法

表 7-3 左焊法与右焊法的不同特点

左 焊 法		右 焊 法
特征	理由	特征
熔深较浅	熔池金属流到电弧点前面,导致电弧出现在熔化金属上,没有直接接触母材的可能性大	熔深较深
焊缝平坦	电弧作用于先行熔融金属上方,焊缝平坦	焊缝凸起
操作性较差	熔融金属被压向两侧,电弧长度不稳定,飞溅较多	操作性较好
气体保护不良	焊枪移动时,保护气体向前方斜向流出,使后方熔融金属保护不良	气体保护效果好
容易观察焊道	没有焊枪阻挡操作者的视线	不容易观察焊道,容易焊偏

表 7-4 左焊法与右焊法的应用范围

适用范围	左 焊 法	右 焊 法	理由
薄板水平焊接	▲		容易观察焊道、熔深较浅、焊缝平坦
中、厚板水平焊接	▲	▲▲	熔深较深、操作性较好、焊接层数少
单层水平角焊	▲		焊缝平整
多层水平角焊	▲	▲	一般最后一层焊道采用左焊法,其余各层各道采用右焊法

注释:▲表示一般;▲▲表示较多。

4. 焊丝运行方法

窄焊缝采用直线形;宽焊缝采用月牙形、斜圆形等。

5. 操作技术运用

(1)焊接起弧 焊丝端头对准焊缝起头处,保持焊丝伸出长度(10~15 mm)并与焊缝距离 2~3 mm,戴好面罩,右手紧握焊枪柄,食指按下启动开关;在焊丝撞击焊件表面时,不能提起焊枪,保持焊丝伸出长度,使起弧成功。电弧引燃后,右手食指可松掉启动开关(在主机上必须先打开衰减电流开关),电弧不会中断而进行正常焊接。为避免焊缝始端处出现未焊透等现象,应在离焊件端头 10～20 mm 处先引弧,然后移至端头,做停顿或横向摆动,待金属熔化后,再以正常焊接速度前进,如图 7-4 所示。

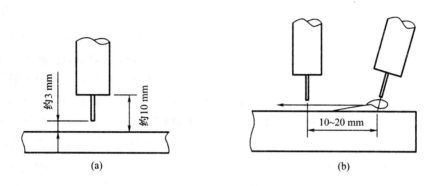

(a) (b)

图 7-4　起弧示意图

(a)起弧前焊丝位置;(b)起弧时焊丝位置及运行

　　(2)焊接接头　接头连接时为避免假焊、脱节或凸起现象,要在离始焊处 10～20 mm 的距离先引弧,电弧引燃后快速移至弧坑需焊接的位置,做小节距的弧形摆动,再向焊接方向运行,如图 7-5 所示。

　　(3)焊接收弧　焊接至收弧时,只需食指再次按下启动开关,此时焊接仍在进行,但这时使用的是衰减电流(收弧控制电流),其电流强度为焊接电流的 80%～90%(先行调节好),当食指松开启动开关,电弧立即停止,焊枪再过 2～3 s 离开熔池,目的是填满弧坑,防止气孔出现。

　　焊接时,如果不采用衰减电流,整个焊接过程则需按紧开关,否则将会断弧,停止焊接。

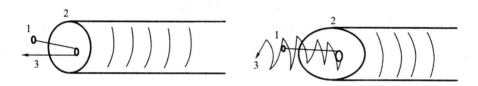

图 7-5　焊接接头连接示意图

项目练习二　T型角接平焊

一、练习图样

T型角接平焊图样如图7-6所示。

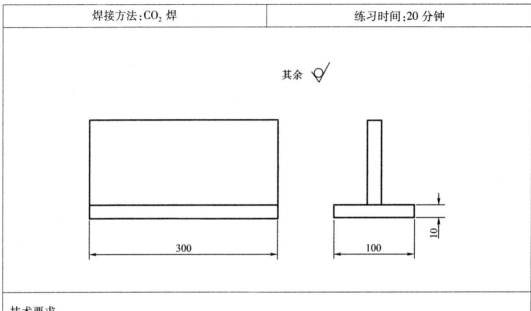

焊接方法:CO_2 焊	练习时间:20分钟

技术要求:
1. 装配点固焊在焊缝背面两端,$K \times L = 4 \times 15$。
2. 焊接完成后,焊缝表面不得修补和磨削。
3. 焊件规格:Q235A 二件,10 mm × 100 mm × 300 mm。
4. 焊接试件最低点离地 100~300 mm 高度固定。

图7-6　练习图样示意图

二、练习要求

1. 掌握供气系统、送丝系统和控制系统的操作方法。
2. 掌握正确的焊接操作手势。
3. 掌握准确选用焊接规范的方法。
4. 掌握水平角焊焊枪角度放置和焊丝伸出长度控制。
5. 保证焊缝成型良好,焊缝无单偏、无未熔合、咬边、夹渣、气孔、严重脱节。
6. 熟悉水平角焊左焊法和右焊法的技术要领。

三、练习目的

1. 熟悉 CO_2 焊弧焊电源及其附属设备的调节、使用方法。
2. 学会 CO_2 焊水平角焊的引弧方法以及直线焊接的运弧、接头、熄弧等操作技术。
3. 掌握 CO_2 焊水平角焊焊角尺寸控制的操作技巧和方法。

4.了解水平角焊的焊接操作技巧及方法。

四、安全文明生产

1.认真执行安全技术操作规程。

2.正确穿戴劳防保护用品。

3.遵守文明生产规定,做到焊接场地整洁,工件、工具摆放整齐。

4.焊接结束及时关闭电源和气源,打扫卫生,清理检查焊接现场有无安全隐患。

五、练习内容

1.材料工具

(1)钢材:Q235。

(2)焊件尺寸:$L \times B \times \delta = 300 \ mm \times 100 \ mm \times 10 \ mm$,两块。

(3)工量具:钢丝钳、钢丝刷、锤子、焊缝测量器、角向磨光机等。

2.焊件装配

(1)接头形式:T型接头。

(2)认真清理和打磨焊件的待焊区域,直至露出金属光泽。

(3)装配要求:两板按T字型放置,无角变形。

(4)定位焊要求:主焊缝反面两端点固焊二处,技术尺寸 $K \times L = 4 \ mm \times 15 \ mm$。

(5)焊件水平固定:距地 100~300 mm 高度夹具固定。

3.焊接规范参数选用:

焊丝选用:$\phi 1.2$ 药芯焊丝。

焊接电流:$I = 180 \sim 220 \ A$,电弧电压:$U = 20 \sim 25 \ V$。

衰减电流可选用正常焊接电流的70%~80%。

焊丝伸出长度为焊丝直径的 10~15 倍,CO_2 气体流量为 10~15 L/min。

(1)单层单道平角焊操作技术

①焊枪放置角度

薄板水平角焊:焊枪与底板的夹角为45°~50°;焊枪与焊缝的夹角为70°~80°。如图 7-7 所示。

中厚板水平角焊:

焊角 $K \leqslant 5 \ mm$ 时,焊枪与座板的夹角为45°~50°,且焊丝端头应对准夹角中心。

焊角 $K > 5 \ mm$,焊枪与座板的夹角为35°~45°,且焊丝端头应偏移夹角中心 1~2 mm。如图 7-8(a)、(b)所示。

②焊接运行方式:直线形或直线往返形(由熔池的后上方向前下方运动)。

采用直线往返形运丝方式每次运行幅度不大于 10 mm 且必须回到前一个熔池的3/4 或2/3 处稍做停留。

③焊缝起头、收尾饱满,接头平整、和顺。

焊缝起头:在离角焊缝始端 10 mm 处的尖角处引燃电弧,并迅速前移端头,做上下小幅摆动且在熔池内略做停留,在形成一个规则熔池后,进行正常焊接。

焊缝接头:在弧坑的前 10 mm 处引燃电弧,并迅速移至弧坑,沿弧坑形状作弧形摆动且略做停留,在形成的一个熔池与前一个熔池大小相当后,再进行正常焊接。

焊缝收尾:焊至焊件末端,按下衰减电流开关并做上下小幅摆动,待填满弧坑后松开开

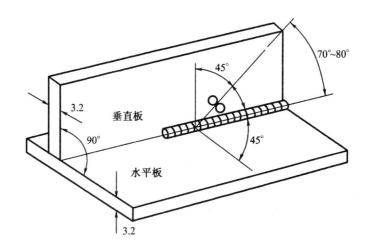

图 7-7　薄板水平角焊焊枪角度示意图

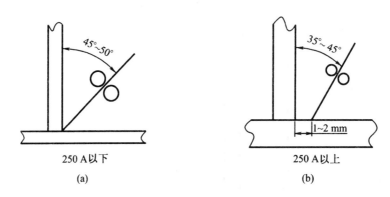

图 7-8　中厚板水平角焊焊枪角度示意图

(a)$K \leqslant 5$ mm;(b)$K > 5$ mm

关,停止焊接。

（2）多层多道平角焊操作技术

单层水平角焊时,焊角应不大于 7～8 mm,焊角过大容易在座板上产生咬边,在水平板上出现焊瘤或塌陷等缺陷。因此焊角不大于 7～8 mm 时,必须采用多层多道焊接。

①焊接运条方式:直线型、直线往返型(略带横向摆动)、斜圆形。

②焊缝起头、收尾饱满,接头平整、和顺(技术方法同单层平角焊)。

③焊接规范:焊接电流 $I = 200 \sim 230$ A,电弧电压:$U = 22 \sim 26$ V,衰减电流可选用正常焊接电流的 70%～80%;焊丝伸出长度为焊丝直径的 10～15 倍,CO_2 气体流量为 10～15 L/min。

各种多层多道焊接的焊枪角度放置:

①一层二道水平角焊焊接方法($K = 7 \sim 8$ mm)

第一层焊缝:焊枪角度与座板的夹角为 20°～30°,焊丝端头应偏移夹角中心 2～3 mm,

第二层第一道焊缝:焊枪角度与座板的夹角为 45°～50°,焊丝端部对准第一层焊缝的上半部。如图 7-9 所示。

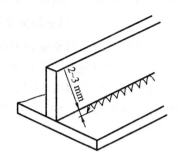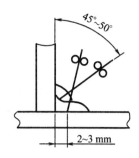

图7－9　一层二道水平角焊示意图

②二层三道水平角焊焊接方法($K=8\sim10$ mm)

第一层焊缝:焊枪角度与座板的夹角为35°～45°,焊丝端头应偏移夹角中心1～2 mm,

第二层第一道焊缝:焊枪角度与座板的夹角为20°～30°,焊丝端部对准第一层焊缝的下边焊接线处。

第二层第二道焊缝:焊枪角度与座板的夹角为45°～50°;焊丝端部对准前一道焊缝的上焊脚附近,焊接时熔化金属应覆盖前道焊缝的最高处。

焊接质量要求:无焊接缺陷,焊缝平整、头尾饱满、焊道两侧熔合良好、焊道之间连接紧密无勾槽。如图7－10所示。

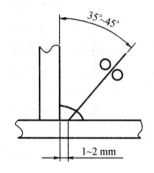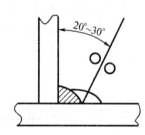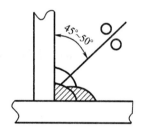

图7－10　二层三道水平角焊示意图

③二层四道水平角焊操作技术($K=10\sim12$ mm)

第一层焊缝:焊枪角度与座板的夹角为35°～45°,焊丝端头应偏移夹角中心1～2 mm。

第二层第一道焊缝:焊枪角度与座板的夹角为20°～30°,焊丝端部对准第一层焊缝的下缘焊接线向外约1～2 mm处。

第二层第二道焊缝:焊枪角度与座板的夹角为45°～50°,焊丝端部对准前一道焊缝的上焊脚线附近,焊接时熔化金属应覆盖前道焊缝的最高处。

第二层第三道焊缝:焊枪角度与座板的夹角为20°～30°,焊丝端部对准前一道焊缝的上半部,焊接熔化金属应覆盖前道焊缝的最高处,保证焊缝熔合良好。如图7－11所示。

焊接质量要求:无焊接缺陷,焊缝平整、头尾饱满、焊道两侧熔合良好、焊道之间连接紧密无勾槽。

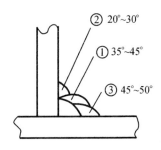

图 7 - 11　二层四道水平角焊示意图

项目练习三　T 型角接立焊

一、练习图样

T 型角接立焊图样如图 7 - 12 所示。

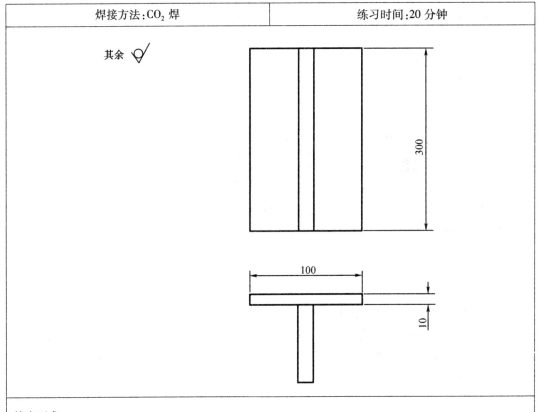

焊接方法:CO₂ 焊	练习时间:20 分钟

技术要求:

1. 装配点固焊在焊缝背面两端,$K \times L = 4 \times 15$。

2. 焊接完成后,焊缝表面不得修补和磨削。

3. 焊件规格:Q235A 二件,10 mm × 100 mm × 300 mm。

4. 焊接试件最低点离地 300 ~ 400 mm 高度固定。

图 7 - 12　练习图样

二、练习要求

1. 掌握供气系统、送丝系统和控制系统的操作方法。

2. 掌握正确的焊接操作手势。

3. 掌握准确选用焊接规范的方法。

4. 掌握立角焊焊枪角度放置和焊丝伸出长度控制。

5. 保证焊缝成型良好,焊缝无单偏、无未熔合、咬边、夹渣、气孔、严重脱节。

6. 熟悉向上立角焊法和向下立角焊法的技术要领。

三、练习目的

1. 熟悉 CO_2 焊弧焊电源及其附属设备的调节、使用方法。

2. 学会 CO_2 焊立角焊的引弧方法以及焊接的运弧、接头、熄弧等操作技术。

3. 掌握 CO_2 焊立角焊焊角尺寸控制的操作技巧和方法。

4. 了解向上立角焊法和向下立角焊法的焊接操作技巧及方法。

四、安全文明生产

1. 认真执行安全技术操作规程。

2. 正确穿戴劳防保护用品。

3. 遵守文明生产规定,做到焊接场地整洁,工件、工具摆放整齐。

4. 焊接结束及时关闭电源和气源,打扫卫生,清理检查焊接现场有无安全隐患。

五、练习内容

1. 材料工具

(1)钢材:Q235。

(2)焊件尺寸:$L \times B \times \delta = 300 \text{ mm} \times 100 \text{ mm} \times 10 \text{ mm}$,两块。

(3)工量具:钢丝钳、钢丝刷、锤子、焊缝测量器、角向磨光机等。

2. 焊件装配

(1)接头形式:T 型接头。

(2)认真清理和打磨焊件的待焊区域,直至露出金属光泽。

(3)装配要求:两板按 T 字型放置,无角变形。

(4)定位焊要求:主焊缝反面两端点固焊二处,技术尺寸 $K \times L = 4 \text{ mm} \times 15 \text{ mm}$。

(5)焊件水平固定:距地 300 ~ 400 mm 高度夹具固定。

3. 向上立角焊接

(1)焊接规范选用

焊丝:$\phi 1.2$ 药芯焊丝

焊接电流:$I = 150 ~ 180 \text{ A}$,电弧电压:$U = 17 ~ 22 \text{ V}$。

衰减电流可选用正常焊接电流的 80% ~ 90%。

焊丝伸出长度为焊丝直径的 10 ~ 15 倍,CO_2 气体流量为 10 ~ 15 L/min。

(2)焊接运丝方法:月牙形、锯齿形等,如图 7 - 13 所示。

(3)焊枪角度

焊枪角度与两块板间的夹角互为 45°。

焊枪角度与焊缝呈 80° ~ 100°角度,如图 7 - 14 所示。

（4）焊接操作技术

①焊接运行时，横向摆动略快，在熔池两边略做停顿。保持焊接速度和焊枪角度。

②焊接时，手握焊枪手柄的角度与熔池大致形成右向下 45°~60° 的角度位置。

③向上摆动的间距为 2~3 mm。

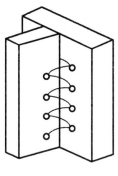

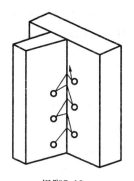
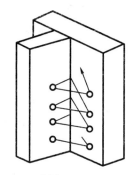

焊脚5-8　　　　　　　焊脚7-10　　　　　　　焊脚8-12

图 7-13　向上立角焊焊接运丝方法示意图

注：两边小圆圈为焊接停留 0.5~1.0 秒区

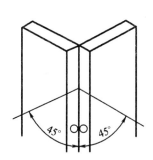
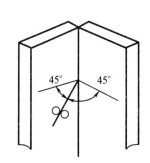
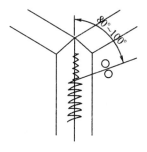

图 7-14　向上立角焊焊枪角度示意图

4. 向下立角焊接

（1）焊接规范选用

焊丝：φ1.2 药芯焊丝。

焊接电流：$I = 180~200$ A，电弧电压：$U = 19~22$ V。

衰减电流可选用正常焊接电流的 80%~90%。

焊丝伸出长度为焊丝直径的 10~15 倍，CO₂ 气体流量为 10~15 L/min。

（2）焊枪角度

焊枪与两块板间的夹角互为 45°。

焊枪向下与焊缝呈 70°~80° 角度。

（3）焊接运丝方法：直线向下移动、直线向下移动并作小幅度横向摆动，如图 7-15 所示。

（4）焊接操作技术

①焊接时，焊丝端部对准焊接熔池的最下端，依靠电弧吹力把熔化金属往上推，使其形

成焊缝。保持焊接速度和焊枪角度,防止熔化金属下淌。

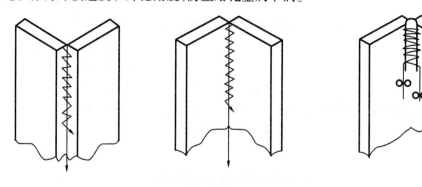

图 7 – 15 向下立角焊接运丝方法示意图

②焊接时,手握焊枪的角度与熔池大致形成右向下 45°~60°的角度位置。

③CO_2 焊向下焊接角焊的单道焊脚尺寸不超过 6 mm。若要超过 6 mm,则需焊二层焊道。

④在焊接生产中,为保证结构强度,向下焊焊缝的起头和收尾处,需按技术标准进行包角焊(采用向上立焊包角)。

项目练习四 T型角接仰焊

一、练习图样

T 型角接仰焊图样如图 7 – 16 所示。

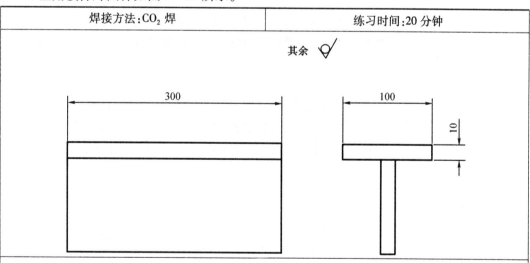

焊接方法:CO_2 焊	练习时间:20 分钟

其余 ✓

300 100 10

技术要求:
1. 装配点固焊在焊缝背面两端,$K \times L = 4 \times 15$。
2. 焊接完成后,焊缝表面不得修补和磨削。
3. 焊件规格:Q235A 二件,10 mm × 100 mm × 300 mm。
4. 焊接试件最低点离地 800~1000 mm 高度固定。

图 7 – 16 练习图样

二、练习要求

1. 掌握供气系统、送丝系统和控制系统的操作方法。

2. 掌握正确的焊接操作手势。

3. 准确掌握选用焊接规范的方法。

4. 掌握仰角焊焊枪角度放置和焊丝伸出长度控制。

5. 保证焊缝成型良好,焊缝无单偏、无未熔合、咬边、夹渣、气孔、焊瘤。

6. 熟悉仰角焊左焊法和右焊法的技术要领。

三、练习目的

1. 熟悉 CO_2 焊弧焊电源及其附属设备的调节、使用方法。

2. 学会 CO_2 焊仰角焊的引弧方法以及焊接的运弧、接头、熄弧等操作技术。

3. 掌握 CO_2 焊仰角焊焊角尺寸控制的操作技巧和方法。

4. 了解仰角焊左焊法和右焊法的焊接操作技巧及方法。

四、安全文明生产

1. 认真执行安全技术操作规程。

2. 正确穿戴劳防保护用品。

3. 遵守文明生产规定,做到焊接场地整洁,工件、工具摆放整齐。

4. 焊接结束及时关闭电源和气源,打扫卫生,清理检查焊接现场有无安全隐患。

五、练习内容

1. 材料工具

(1) 钢材:Q235。

(2) 焊件尺寸:$L \times B \times \delta = 300 \text{ mm} \times 100 \text{ mm} \times 10 \text{ mm}$,两块。

(3) 工量具:钢丝钳、钢丝刷、锤子、焊缝测量器、角向磨光机等。

2. 焊件装配

(1) 接头形式:T 型接头。

(2) 认真清理和打磨焊件的待焊区域,直至露出金属光泽。

(3) 装配要求:两板按 T 字型放置,无角变形。

(4) 定位焊要求:主焊缝反面两端点固焊二处,技术尺寸 $K \times L = 4 \text{ mm} \times 15 \text{ mm}$。

(5) 焊件固定:焊缝距地 800 ~ 1 000 mm 高度夹具固定。

3. 焊接规范参数选用:

焊丝选用:ϕ1.2 药芯焊丝。

焊接电流:$I = 180 \sim 220 \text{ A}$,电弧电压:$U = 20 \sim 25 \text{ V}$。

衰减电流可选用正常焊接电流的70% ~ 80%。

焊丝伸出长度为焊丝直径的 10 ~ 15 倍,CO_2 气体流量为 10 ~ 15 L/min。

4. 单层单道仰角焊操作技术($K = 6 \text{ mm}$)

(1) 焊枪放置角度

焊枪与垂直板的夹角为45° ~ 50°。

焊枪向焊接方向倾斜5° ~ 10°,如图 7 - 17 所示。

（2）焊接运行方式：直线形或直线往返形。

采用直线往返形运丝方式每次运行幅度不大于 10 mm 且必须回到前一个熔池的 3/4 或 2/3 处稍做停留。

（3）焊缝起头、收尾饱满，接头平整、和顺。

焊缝起头：在离焊缝始端 10 mm 处的尖角处引燃电弧，并迅速前移端头，做上下小幅摆动且在熔池内略做停留，在形成一个规则熔池后，进行正常焊接。

焊缝接头：在弧坑的前 10 mm 处引燃电弧，并迅速移至弧坑，并沿弧坑形状做弧形摆动且略做停留，在形成的一个熔池与前一个熔池大小相当后，再进行正常焊接。

焊缝收尾：焊至焊件末端，按下衰减电流开关并做上下小幅摆动，待填满弧坑后松开开关，停止焊接。

5. 多层多道仰角焊操作技术

（1）焊接运条方式：直线型、直线往返型、斜圆形。

（2）焊缝起头、收尾饱满，接头平整、和顺（技术方法同单层仰角焊）。

（3）二层三道仰角焊焊接方法（$K = 8 \sim 10$ mm）

第一层焊缝的焊接方法同单层单道仰角焊。

第二层第一道焊缝：焊枪角度与垂直板的夹角为 30° ～ 40°，焊丝端部对准第一层焊缝的下部焊接线处。

第二层第二道焊缝：焊枪角度与垂直板的夹角为 35° ～ 45°，焊丝端部对准前一道焊缝的上焊脚线处，焊接时熔化金属应覆盖前道焊缝的最高处，并保证焊缝上沿熔合良好。

焊接质量要求：无焊接缺陷，焊缝平整、头尾饱满、焊道两侧熔合良好、焊道之间连接紧密无勾槽。

（4）二层四道仰角焊操作技术（$K = 10 \sim 12$ mm）

第一层焊缝的焊接方法同单层单道仰角焊。

第二层第一道焊缝：焊枪角度与垂直板的夹角为 45° ～ 50°，焊丝端部对准第一层焊缝的下部焊接线向外 1 ～ 2 mm 处。

第二层第二道焊缝：焊枪角度与垂直板的夹角为 40° ～ 45°，焊丝端部对准前一道焊缝的上焊脚线附近，焊接时熔化金属应覆盖前道焊缝的最高处。

第二层第三道焊缝：焊枪角度与垂直板的夹角为 40° ～ 45°，焊丝端部对准前一道焊缝的上焊脚附近，焊接时熔化金属应覆盖前道焊缝的最高处，并保证焊缝上沿熔合良好。

焊接质量要求：无焊接缺陷，焊缝平整、头尾饱满、焊道两侧熔合良好、焊道之间连接紧密无勾槽。

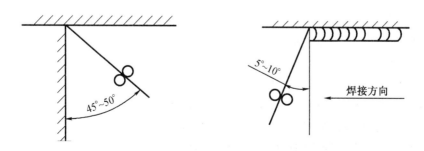

图 7 - 17　仰角焊的焊枪角度位置示意图

项目练习五 V型坡口对接平焊

一、练习图样

V型坡口对接平焊图样如图7-18所示。

焊接方法:CO$_2$焊	练习时间:30分钟

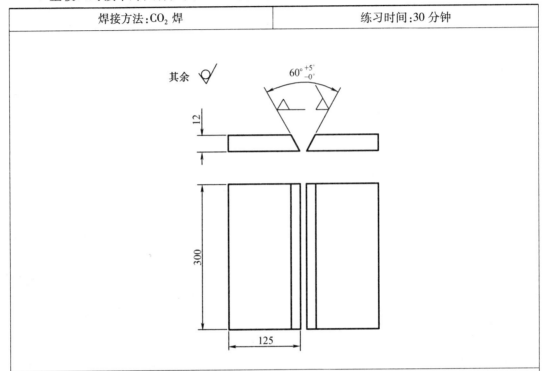

技术要求:

1. 装配点固焊在焊缝两端,长度 $L \leqslant 10$ mm。

2. 焊缝无钝边、间隙,预留反变形3°。

3. 打底层、过渡层允许手工修补,盖面层焊缝焊接完成后,不得修补和磨削。

4. 考件规格:Q235A 二件,12 mm×125 mm×300 mm,坡口角度 $\alpha = 60°$ ~ 65°。

5. 焊接试件固定高度100~300 mm。

图7-18 练习图样

二、练习要求

1. 掌握供气系统、送丝系统和控制系统的操作方法。

2. 掌握正确的焊接操作手势。

3. 掌握准确选用焊接规范的方法。

4. 掌握V型坡口对接平焊的焊枪角度放置和焊丝伸出长度控制。

5. 保证焊缝成型良好,焊缝无未熔合、未焊透、咬边、夹渣、气孔、焊穿等缺陷。

6. 熟悉水平对接焊左焊法和右焊法的技术要领。

三、练习目的

1. 熟悉 CO_2 焊弧焊电源及其附属设备的调节、使用方法。

2. 学会 CO_2 焊 V 型坡口对接平焊的引弧方法以及焊接的运弧、接头、熄弧等操作技术。

3. 掌握 CO_2 焊 V 型坡口对接平焊焊缝尺寸控制的操作技巧和方法。

4. 了解 V 型坡口对接平焊左焊法和右焊法的焊接操作技巧及方法。

四、安全文明生产

1. 认真执行安全技术操作规程。

2. 正确穿戴劳防保护用品。

3. 遵守文明生产规定,做到焊接场地整洁,工件、工具摆放整齐。

4. 焊接结束及时关闭电源和气源,打扫卫生,清理检查焊接现场有无安全隐患。

五、练习内容

1. 材料工具

(1)钢材:Q235。

(2)焊件尺寸:$L \times B \times \delta = 300 \times 100 \times 12$ 焊件两块;坡口角度 $\alpha = 60° \sim 65°$。

(3)工量具:钢丝钳、钢丝刷、锤子、焊缝测量器、角向磨光机等。

2. 焊件装配

(1)接头形式:V 型坡口对接平焊。

(2)认真清理和打磨焊件的待焊区域,直至露出金属光泽。

(3)装配要求:两板水平放置,坡口相对,装配间隙0,无错边,预留反变形约3°。

(4)定位焊要求:主焊缝两端点固焊,技术尺寸 $L \leqslant 10$。

(5)焊件固定:距地 $100 \sim 200$ mm 高度夹具固定。

3. 焊接规范参数选用:

焊丝选用:$\phi 1.2$ 药芯焊丝,焊丝伸出长度 $L = 10 \sim 15$ mm,气体流量 $Q = 12 \sim 15$ L/min。

(1)第一层打底:焊接电流 $I = 180 \sim 200$ A,电弧电压 $U = 20 \sim 23$ V。

(2)第二、三层打底:焊接电流 $I = 220 \sim 250$ A,电弧电压:$U = 24 \sim 28$ V。

(3)盖面层:焊接电流:$I = 210 \sim 230$ A,电弧电压:$U = 23 \sim 26$ V。

(4)焊枪角度

焊枪角度放置与焊缝水平面呈90°。

①左焊法:从右向左焊接,焊枪角度与焊接方向反向倾斜10°~20°。

②右焊法:从左向右焊接,焊枪角度向焊接方向倾斜10°~20°。

(5)焊丝运行方式:直线形、直线往返形、月牙形、锯齿形,如图 7-19 所示。

(6)焊缝起头、收尾饱满,接头平整、和顺(操作方法可参照平敷焊)。

(7)打底层和盖面层的焊接技术

①第一层打底

焊接运行方法采用直线形或直线往返形(略做横向摆动);观察和控制熔池的形状大小和熔透情况,但要防止焊穿。一般焊层厚度在 $3 \sim 4$ mm。

要求:焊缝平整、头尾饱满、焊道两侧熔合良好。

②第二层打底

焊接运行方法采用直线往返形(在熔池内稍做停顿)、小节距月牙形或锯齿形(在熔池两侧稍做停顿,中间运条较快),焊层厚度在3 mm左右,如图7-20所示。

要求:焊缝平整或略内凹、头尾饱满、焊道两侧熔合良好。

③第三层打底

焊层采用一层二道焊接。

a. 焊接运行方法采用直线形、直线往返形(略做横向摆动)。

b. 焊层厚度在3 mm左右。

c. 打底层技术要求:打底后高度应与焊件表面相差1~2 mm,焊缝平整、头尾饱满、焊道两侧熔合良好。

④盖面层

盖面采用单道焊接,焊接运行方法采用月牙形或锯齿形,焊接时在坡口两侧稍做停顿,中间运行稍快,焊接熔池宽度稍大于坡口宽度(一般控制在2~4 mm),如图7-21所示。

质量要求:焊缝平直、头尾饱满、接头平整、焊波整齐、焊缝两边与焊件表面圆滑过渡。

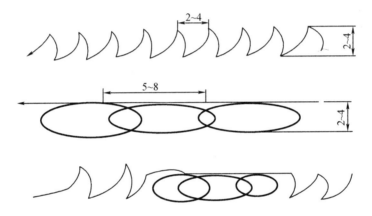

图7-19　平对接焊接焊丝运行方法示意图

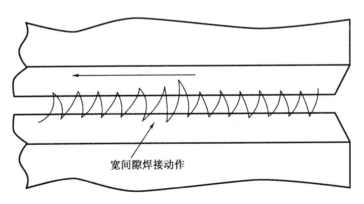

图7-20　平对接打底焊接焊丝运行方法示意图

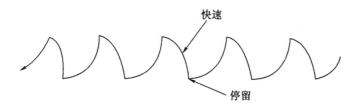

图 7-21 平对接盖面焊接焊丝运行方法示意图

项目练习六 V型坡口对接立焊

一、练习图样

V型坡口对接立焊图样如图 7-22 所示。

焊接方法:CO$_2$ 焊	练习时间:30 分钟

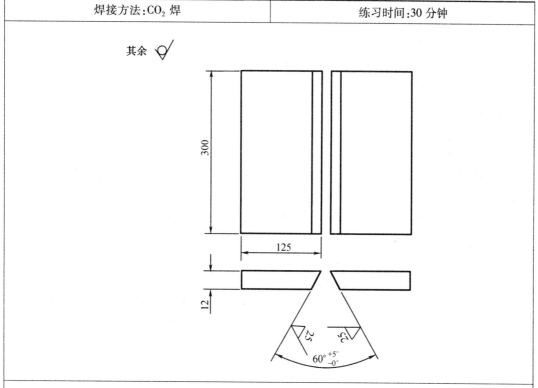

技术要求:

1. 装配点固焊在焊缝两端,长度 L≤10 mm。

2. 焊缝无钝边、间隙,预留反变形 3°。

3. 打底层、过渡层允许手工修补,盖面层焊缝焊接完成后,不得修补和磨削。

4. 考件规格:Q235A 二件,12 mm×125 mm×300 mm,坡口角度 α=60°～65°。

5. 焊接试件固定高度 300～400 mm。

图 7-22 练习图样

二、练习要求

1. 掌握供气系统、送丝系统和控制系统的操作方法。

2. 掌握正确的焊接操作手势。

3. 掌握准确选用焊接规范的方法。

4. 掌握 V 型坡口对接立焊焊枪角度放置和焊丝伸出长度控制。

5. 保证焊缝成型良好,焊缝无未熔合、未焊透、咬边、夹渣、气孔、焊穿、焊瘤等缺陷。

6. 熟悉对接立焊打底和盖面的焊接技术要领。

三、练习目的

1. 熟悉 CO_2 焊弧焊电源及其附属设备的调节、使用方法。

2. 学会 CO_2 焊 V 型坡口对接立焊的引弧方法以及焊接的运弧、接头、熄弧等操作技术。

3. 掌握 CO_2 焊 V 型坡口对接立焊焊缝尺寸控制的操作技巧和方法。

4. 了解立对接焊打底和盖面的焊接操作技巧及方法。

四、安全文明生产

1. 认真执行安全技术操作规程。

2. 正确穿戴劳防保护用品。

3. 遵守文明生产规定,做到焊接场地整洁,工件、工具摆放整齐。

4. 焊接结束及时关闭电源和气源,打扫卫生,清理检查焊接现场有无安全隐患。

五、练习内容

1. 材料工具

(1)钢材:Q235。

(2)焊件尺寸:$L \times B \times \delta = 300$ mm $\times 100$ mm $\times 12$ mm 焊件两块;坡口角度 $\alpha = 60°$ ~ $65°$。

(3)工量具:钢丝钳、钢丝刷、锤子、焊缝测量器、角向磨光机等。

2. 焊件装配

(1)接头形式:V 型坡口对接立焊。

(2)认真清理和打磨焊件的待焊区域,直至露出金属光泽。

(3)装配要求:两板水平放置,坡口相对,无间隙、钝边、无错边,预留反变形约3°。

(4)定位焊要求:主焊缝两端点固焊,技术尺寸 $L \leqslant 10$。

(5)焊件固定:焊缝与地面垂直,焊件最低距地 300 ~ 400 mm 高度夹具固定。

3. 焊接规范参数选用:

焊丝选用:$\phi 1.2$ 药芯焊丝,焊丝伸出长度 $L = 10$ ~ 15 mm,气体流量 $Q = 12$ ~ 15 L/min,

(1)第一层打底:焊接电流 $I = 150$ ~ 170 A,电弧电压 $U = 18$ ~ 21 V。

(2)第二层打底:焊接电流 $I = 160$ ~ 180 A,电弧电压 $U = 19$ ~ 22 V。

(3)盖面层:焊接电流:$I = 160$ ~ 180 A,电弧电压 $U = 19$ ~ 22 V。

(4)焊枪角度:焊枪角度与焊缝呈80° ~ 100°角度,如图 7 – 23 所示。

(5)焊接运行方式:月牙形、锯齿形、梯形等,如图 7 – 24 所示。

(6)焊缝起头、收尾饱满,接头平整、和顺。

(7)打底层和盖面层的焊接技术

①第一层打底

焊接运行摆动时在熔池两边稍做停顿,操作时观察和控制熔池的形状大小和熔透情况,防止焊穿。一般焊层厚度在 5~6 mm。

要求:焊缝平整、头尾饱满、焊道两侧熔合良好。

②第二层打底

焊接方法同第一层,一般焊层厚度在 4~5 mm。

要求:焊缝平整或略内凹、头尾饱满、焊道两侧熔合良好,打底后焊缝离表面约 2 mm。

③盖面层

操作方法同打底层。

注意:焊接时在坡口两侧稍做停顿,中间运行稍快,焊接熔池宽度稍大于坡口宽度(一般控制在 2~4 mm)。

质量要求:焊缝平直、头尾饱满、接头平整、焊波整齐、焊缝两边与焊件表面圆滑过渡。

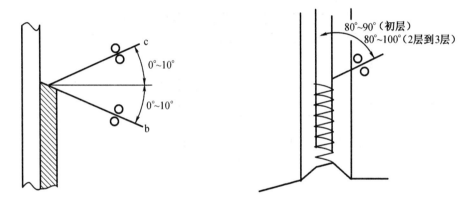

图 7-23　立对接焊枪角度位置示意图

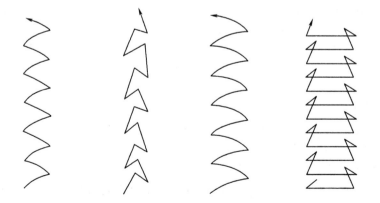

图 7-24　立对接焊接运行方式示意图

项目练习七 V型坡口对接横焊

一、练习图样

V型坡口对接横焊图样如图7-25所示。

焊接方法:CO₂焊	练习时间:30分钟

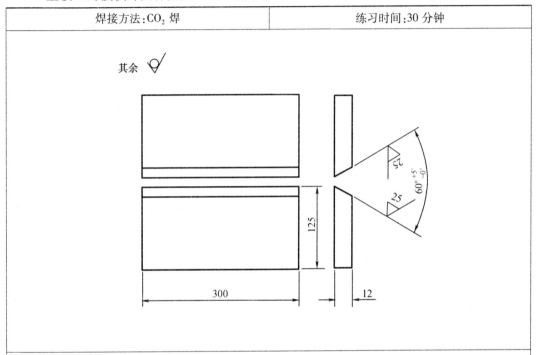

技术要求:

1. 装配点固焊在焊缝两端,长度 L≤10 mm。
2. 焊缝无钝边、间隙,预留反变形5°。
3. 打底层、过渡层允许手工修补,盖面层焊缝焊接完成后,不得修补和磨削。
4. 考件规格:Q235A 二件,12 mm×125 mm×300 mm;坡口角度 α=60°～65°。
5. 焊接试件固定高度:试件最低端离地500～600 mm。

图7-25 练习图样

二、练习要求

1. 掌握供气系统、送丝系统和控制系统的操作方法。
2. 掌握正确的焊接操作手势。
3. 掌握准确选用焊接规范的方法。
4. 掌握V型坡口对接横焊焊枪角度放置和焊丝伸出长度控制。
5. 保证焊缝成型良好,焊缝无未熔合、未焊透、咬边、夹渣、气孔、焊穿、焊瘤等缺陷。
6. 熟悉V型坡口对接横焊打底和盖面的焊接技术要领。

三、练习目的

1. 熟悉 CO_2 焊弧焊电源及其附属设备的调节、使用方法。

2. 学会 CO_2 焊 V 型坡口对接横焊的引弧方法以及焊接的运弧、接头、熄弧等操作技术。

3. 掌握 CO_2 焊 V 型坡口对接横焊焊缝尺寸控制的操作技巧和方法。

4. 了解 V 型坡口对接横焊焊接缺陷控制方法。

四、安全文明生产

1. 认真执行安全技术操作规程。

2. 正确穿戴劳防保护用品。

3. 遵守文明生产规定,做到焊接场地整洁,工件、工具摆放整齐。

4. 焊接结束及时关闭电源和气源,打扫卫生,清理检查焊接现场有无安全隐患。

五、练习内容

1. 材料工具

(1)钢材:Q235。

(2)焊件尺寸:$L \times B \times \delta = 300 \text{ mm} \times 100 \text{ mm} \times 12 \text{ mm}$ 焊件两块;坡口角度 $\alpha = 60° \sim 65°$。

(3)工量具:尖头钢丝钳、钢丝刷、锤子、焊缝测量器、角向磨光机等。

2. 焊件装配

(1)接头形式:V 型坡口对接横焊。

(2)认真清理和打磨焊件的待焊区域,直至露出金属光泽。

(3)装配要求:两板水平放置,坡口相对,无间隙、钝边,无错边,预留反变形约5°。

(4)定位焊要求:主焊缝两端点固焊,技术尺寸 $L \leqslant 10$。

(5)焊件固定:焊件最低端距地 $500 \sim 600 \text{ mm}$ 高度夹具固定。

3. 焊接规范参数选用

焊丝选用:$\phi 1.2$ 药芯焊丝,焊丝伸出长度 $L = 10 \sim 15 \text{ mm}$,气体流量 $Q = 12 \sim 15 \text{ L/min}$,

(1)第一层打底:焊接电流 $I = 160 \sim 180 \text{ A}$,电弧电压 $U = 19 \sim 22 \text{ V}$。

(2)第二、三层打底:焊接电流 $I = 180 \sim 200 \text{ A}$,电弧电压:$U = 21 \sim 24 \text{ V}$。

(3)盖面层:焊接电流:$I = 180 \sim 200 \text{ A}$,电弧电压 $U = 21 \sim 24 \text{ V}$。

(4)焊接运行方式:直线形、斜月牙形、斜圆形等,如图 7 - 26 所示。

(5)焊枪角度放置

①焊枪角度放置向下倾斜与焊缝水平线呈5° ~ 10°夹角,如图 7 - 27 所示。

②左焊法:从右向左焊接,焊枪角度与焊接方向反向倾斜10° ~ 20°。

③右焊法:从左向右焊接,焊枪角度向焊接方向倾斜10° ~ 20°。

(6)焊缝起头、收尾饱满,接头平整、和顺。

(7)打底层和盖面层的焊接技术

①第一层打底

观察和控制熔池的形状大小和熔透情况,注意防止焊穿。焊层厚度控制在 3 mm。

要求:焊缝平整、头尾饱满、焊道两侧熔合良好。

②第二层打底

焊接运行方法的手势应采用小节距摆动,每次摆动在熔池内稍做停顿,如采用斜圆形运行,在熔池两侧稍做停顿,中间运条较快。焊层厚度控制在 3 mm。

要求:焊缝平整或略内凹、头尾饱满、焊道两侧熔合良好。

③第三层打底

a. 焊层采用一层二道焊接

第一道焊缝宽为前层焊缝的 2/3,与下坡口面熔合良好。

第二道焊缝覆盖第一道焊缝的 1/3 宽度,与上坡口面熔合良好。

b. 焊枪角度根据焊接道数不同选用

第一道:焊枪向下倾斜 0° ~ 10°;第二道:焊枪向上倾斜 0° ~ 10°。

c. 焊层要求:焊层厚度在 3 mm。

d. 打底层技术要求

打底后高度应与焊件表面相差 2 ~ 3 mm,如图 7 - 28 所示。

焊缝平整、头尾饱满、焊道紧密且熔合良好。

④盖面层

a. 采用多道焊接,每道焊缝连接紧密。

b. 焊枪角度根据焊接道数不同选用:

第一道:焊枪向下倾斜 0° ~ 10°;其余各道:焊枪向上倾斜 0° ~ 10°,如图 7 - 29 所示。

c. 焊接运行方法按打底条件从直线形、直线往返形、斜月牙形、斜圆形内选用。

质量要求:焊缝宽窄高低一致、头尾饱满、接头平整、焊道紧密。

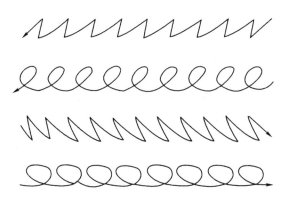

图 7 - 26　焊接运行方式示意图

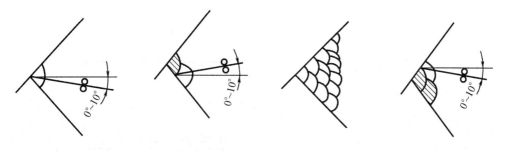

图 7 – 27 横焊焊接焊枪与焊件的夹角示意图

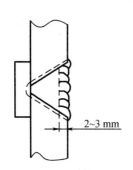

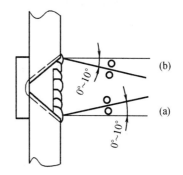

图 7 – 28 横焊盖面前焊缝离焊件表面距离示意图　　　　图 7 – 29 横焊盖面时的焊枪位置示意图

项目练习八　陶质衬垫 CO_2 对接平焊

一、陶质衬垫 CO_2 半自动单面焊简介

1. 基本原理

陶质衬垫 CO_2 半自动焊能使仰焊变为平焊,不需要碳刨清根进行封底焊接。它是采用陶瓷垫块作为焊缝单面焊双面成型的衬垫,并配以压敏胶层、防粘纸和铝箔等部分组成,使其能在任何位置下,可直接衬贴在焊缝背面,具有质量轻,不需要支撑,装拆方便以及可根据船体线形任意弯曲或截取不同长度进行衬贴等优点。

根据用途及形状不同可分别选用直线形衬垫、圆弧形衬垫、十字接头形衬垫以及板厚薄差衬垫等,其中以直线形衬垫作为标准形衬垫,使用率最高、最广,型号包括 TSHD – 1 型、JN – 4 型、SB – 41 型等。如图 7 – 30 所示为直线形陶质衬垫的结构示意图。如图 7 – 31 所示为陶质衬垫 CO_2 半自动单面焊工艺示意图。

(2)它的特点

①变仰焊为平焊,不需要碳刨清根进行封底焊接,提高焊接了效率,减轻劳动强度。

②焊接效率比焊条电弧焊提高 3~5 倍,且工艺简单,衬垫装拆方便,应用广泛。

③进行曲面分段拼版对接、分段中合拢对接焊后,可减少分段的翻身工作量。

④除了仰焊外,其他位置都能焊接。

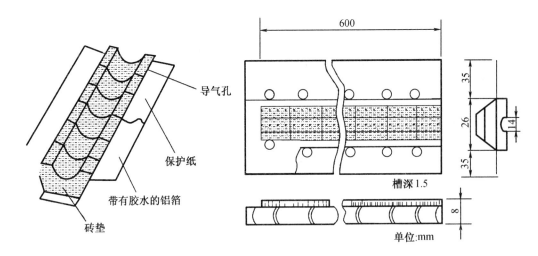

图 7 - 30　直线形陶质衬垫的结构示意图

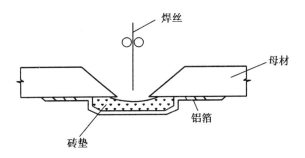

图 7 - 31　陶质衬垫 CO₂ 半自动单面焊工艺示意图

⑤衬垫不是导电体,因此焊接时焊丝碰到会导致熄弧。

(3)焊接时主要产生的问题:焊接成型层容易出现气孔。

原因:

①坡口内的铁锈、水分、油漆等未清理干净。

②衬垫受潮,吸附大量水汽。

③焊接过程中气体保护不良。

防止措施:

①坡口内及坡口两边缘采用砂轮打磨,潮湿时可利用火焰烘干。

②妥善保管衬垫,防止受潮。

③焊接时做好对熔池的气体保护。

二、练习图样

陶质衬垫 V 型坡口对接平焊图样如图 7－32 所示。

焊接方法:CO_2 焊	练习时间:45 分钟

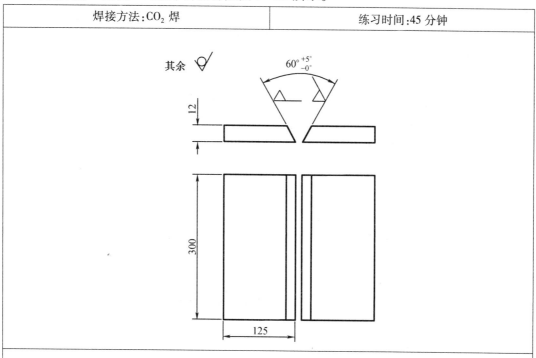

技术要求:

1. 焊缝两端加装引弧引出板固定焊件或者在焊件主焊缝反面两端装配凹形马板定位焊固定焊件。

2. 打底层、过渡层允许手工修补,焊接完成后正反焊缝表面不得修补和磨削。

3. 焊接材料:药芯焊丝 $\phi 1.2$,衬垫:直线形陶质软衬垫。

4. 考件规格:Q235A 二件,12 mm×125 mm×300 mm;坡口角度 $\alpha=60°\sim65°$。

5. 焊接试件最低点离地 100~300 mm 高度固定。

图 7－32 练习图样

三、练习要求

1. 掌握供气系统、送丝系统和控制系统的操作方法。

2. 掌握正确的焊接操作手势。

3. 掌握正确的陶质衬垫的衬贴方法。

4. 掌握准确选用焊接规范的方法。

5. 掌握陶质衬垫 CO_2 焊 V 型坡口焊接的焊枪角度放置和焊丝伸出长度控制。

5. 保证焊缝正反两面成型良好,焊缝无未熔合、未焊透、咬边、夹渣、气孔、焊穿、焊瘤等缺陷。

6. 熟悉陶质衬垫成型焊接和打底、盖面的焊接技术要领。

四、练习目的

1. 熟悉 CO_2 焊弧焊电源及其附属设备的调节、使用方法。

2. 学会陶质衬垫 CO_2 焊 V 型坡口对接平焊的引弧方法以及焊接的运弧、接头、熄弧等操作技术。

3. 了解陶质衬垫 CO_2 焊 V 型坡口对接平焊成型层、打底层和盖面层的焊接操作技巧及方法。

4. 了解陶质衬垫 CO_2 焊 V 型坡口对接平焊焊接缺陷控制方法。

五、安全文明生产

1. 认真执行安全技术操作规程。

2. 正确穿戴劳防保护用品。

3. 遵守文明生产规定,做到焊接场地整洁,工件、工具摆放整齐。

4. 焊接结束及时关闭电源和气源,打扫卫生,清理检查焊接现场有无安全隐患。

六、练习内容

1. 材料工具

(1)钢材:Q235。

(2)焊件尺寸:$L \times B \times \delta = 300 \ mm \times 125 \ mm \times 12 \ mm$,焊件两块;坡口角度 $\alpha = 60° \sim 65°$。

(3)衬垫:直线形陶质软衬垫。

(4)工量具:尖头钢丝钳、钢丝刷、锤子、焊缝测量器、角向磨光机等。

2. 焊件装配

(1)接头形式:V 型坡口对接平焊.

(2)认真清理和打磨焊件的待焊区域,直至露出金属光泽。

(3)装配要求:两板坡口面相对、长度对齐、平行放置;装配间隙 4 ~ 7 mm,无错边、钝边。

(4)定位焊要求:焊缝两端加装引弧引出板并定位焊固定,或者在焊件主焊缝反面两端装配凹形马板定位焊固定焊件。

(5)焊件水平固定:焊件最低端距地 100 ~ 300 mm 高度夹具固定。

(6)衬贴陶质衬垫:衬垫上的红线对准坡口间隙的当中,背面铝箔粘纸贴紧。

3. 焊接规范选用

(1)焊丝:$\phi 1.2$ 药芯焊丝,

(2)成形层. 焊接电流:$I = 180 \sim 200 \ A$,电弧电压:$U = 21 \sim 24 \ V$。

其他各层可参照对接平焊焊接技术。

(3)焊接运行方式:直线形、月牙形。

(4)焊枪角度可参照对接平焊。

(5)焊接技术操作

成形层焊接:焊接时,焊丝端头对准焊接熔池的前半部,这有利于反面成型质量。

焊接运形方法采用直线形或小节距月牙形,同时在熔池两边的坡口根部形成约 2 mm 的熔孔。如焊速过快,焊丝容易触碰衬垫造成熄弧;焊速过慢,使坡口边缘的热作用减弱,熔化程度减小,造成焊缝背面成型不良。

焊接接头处理:焊接接头时,电弧会停熄并产生一定的间隔时间,这样会使接头处容易形成缩孔凹陷,甚至有弧坑裂纹出现。因此焊接完成后对成型的接头面采取刨除后焊补。但是,一般熟练焊工为确保焊缝接头的质量,均采取快速热接头的方法,效果良好。

焊接收弧方法:在焊接成形层收弧时,为防止出现缩孔,均采用两次电流(衰减电流)焊接的方法,即当要收弧时,第二次按焊枪上的按钮,这样就可以采用原先设定好的较小规范焊接,填满弧坑,防止缩孔出现。

其余各层打底及盖面焊接方法可参照 V 型坡口对接平焊技术。

项目练习九　陶质衬垫 CO_2 对接立焊

一、练习图样

陶质衬垫 V 型坡口对接立焊图样如图 7－33 所示。

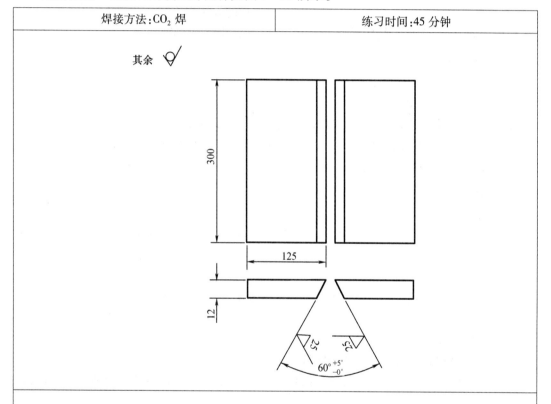

焊接方法:CO_2 焊	练习时间:45 分钟

技术要求:
1. 焊缝两端加装引弧引出板固定焊件或者在焊件主焊缝反面两端装配凹形马板定位焊固定焊件。
2. 打底层、过渡层允许手工修补,焊接完成后正反焊缝表面不得修补和磨削。
3. 焊接材料:药芯焊丝 ∅1.2,衬垫:直线形陶质软衬垫。
4. 考件规格:Q235A 二件,12 mm×125 mm×300 mm;坡口角度 $\alpha = 60° \sim 65°$。
5. 焊接试件最低点离地 300～400 mm 高度固定。

图 7－33　练习图样

二、练习要求

1. 掌握供气系统、送丝系统和控制系统的操作方法。

2. 掌握正确的焊接操作手势。

3. 掌握正确的陶质衬垫的衬贴方法。

4. 掌握准确选用焊接规范的方法。

5. 掌握陶质衬垫 CO_2 焊 V 型坡口对接立焊焊接的焊枪角度放置和焊丝伸出长度控制。

5. 保证焊缝正反两面成型良好,焊缝无未熔合、未焊透、咬边、夹渣、气孔、焊穿、焊瘤等缺陷。

四、练习目的

1. 熟悉 CO_2 焊弧焊电源及其附属设备的调节、使用方法。

2. 学会陶质衬垫 CO_2 焊 V 型坡口对接立焊的引弧方法以及焊接的运弧、接头、熄弧等操作技术。

3. 基本掌握陶质衬垫 CO_2 焊 V 型坡口对接立焊的焊接操作技巧及方法。

4. 了解陶质衬垫 CO_2 焊 V 型坡口对接立焊焊接缺陷控制方法。

五、安全文明生产

1. 认真执行安全技术操作规程。

2. 正确穿戴劳防保护用品。

3. 遵守文明生产规定,做到焊接场地整洁,工件、工具摆放整齐。

4. 焊接结束及时关闭电源和气源,打扫卫生,清理检查焊接现场有无安全隐患。

六、练习内容

1. 材料工具

(1)钢材:Q235。

(2)焊件尺寸:$L \times B \times \delta = 300$ mm $\times 125$ mm $\times 12$ mm,焊件两块;坡口角度 $\alpha = 60°$ ~ 65°。

(3)衬垫:直线形陶质软衬垫。

(4)工量具:尖头钢丝钳、钢丝刷、锤子、焊缝测量器、角向磨光机等。

2. 焊件装配

(1)接头形式:V 型坡口对接立焊。

(2)认真清理和打磨焊件的待焊区域,直至露出金属光泽。

(3)装配要求:两板水平放置、坡口面相对、长度对齐、平行放置;装配间隙 4 ~ 7 mm,无错边、钝边。

(4)定位焊要求:焊缝两端加装引弧引出板并点固焊固定,或者在焊件主焊缝反面两端装配凹形马板固定焊件。

(5)焊件水平固定:焊件最低端距地 300 ~ 400 mm 高度用夹具固定。

(6)衬贴陶质衬垫:衬垫上的红线对准坡口间隙的当中,背面铝箔粘纸贴紧。

3. 焊接规范选用

焊丝:$\phi 1.2$ 药芯焊丝,焊丝伸出长度 L = 10 ~ 15 mm,气体流量 $Q = 12 ~ 15$ L/min。

成形层焊接电流:$I = 130 ~ 150$ A,电弧电压:$U = 20 ~ 23$ V。

其他各层同立对接焊。

4. 焊接运行方式:三角形、月牙形、梯形。

5. 焊枪角度可参照 V 型坡口对接立焊。

6.焊接技术操作

（1）成形层焊接

焊接时,焊丝端头对准焊接熔池的前半部,利于反面成型质量。

①焊接运行,做横向摆动时焊丝端部摆动至中间时应在熔池的上半部运行,同时摆动在熔池两边的坡口根部应形成约2 mm的熔孔。

②焊接中,横向摆动略快,在熔池两边略做停顿。保持焊接速度和焊枪角度。

（2）其余各层焊接可参照V型坡口对接立焊技术。

项目练习十　陶质衬垫 CO_2 对接横焊

一、练习图样

陶质衬垫V型坡口对接横焊图样如图7-34所示。

焊接方法:CO_2 焊	练习时间:45 分钟

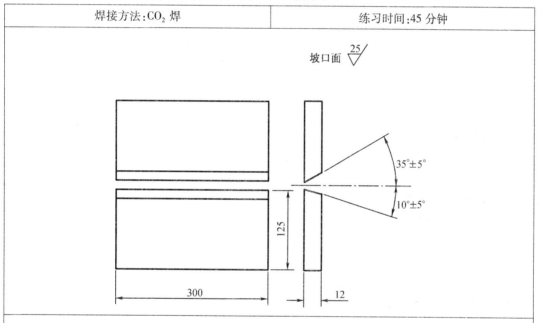

技术要求:

1.焊缝两端加装引弧引出板固定焊件或者在焊件主焊缝反面两端装配凹形马板定位焊固定焊件。

2.打底层、过渡层允许手工修补,焊接完成后正反焊缝表面不得修补和磨削。

3.焊接材料:药芯焊丝 ϕ 1.2,衬垫:直线形陶质软衬垫

4.考件规格:Q235A 二件,12 mm×125 mm×300 mm。一件:$\alpha = 35° ±5°$,一件:$\alpha = 10° ±5°$

5.焊接试件最低点离地500~600 mm高度固定。

图7-34　练习图样

二、练习要求

1.掌握供气系统、送丝系统和控制系统的操作方法。

2.掌握正确的焊接操作手势。

3.掌握正确的陶质衬垫的衬贴方法。

4.掌握准确选用焊接规范的方法。

5.掌握陶质衬垫 CO_2 焊 V 型坡口对接横焊焊接的焊枪角度放置和焊丝伸出长度控制。

5.保证焊缝正反两面成型良好,焊缝无未熔合、未焊透、咬边、夹渣、气孔、焊穿、焊瘤等缺陷。

三、练习目的

1.熟悉 CO_2 焊弧焊电源及其附属设备的调节、使用方法。

2.学会陶质衬垫 CO_2 焊 V 型坡口对接横焊的引弧方法以及焊接的运弧、接头、熄弧等操作技术。

3.基本掌握陶质衬垫 CO_2 焊 V 型坡口对接横焊的焊接操作技巧及方法。

4.了解陶质衬垫 CO_2 焊 V 型坡口对接横焊焊接缺陷控制方法。

四、安全文明生产

1.认真执行安全技术操作规程。

2.正确穿戴劳防保护用品。

3.遵守文明生产规定,做到焊接场地整洁,工件、工具摆放整齐。

4.焊接结束及时关闭电源和气源,打扫卫生,清理检查焊接现场有无安全隐患。

五、练习内容

1.材料工具

(1)钢材:Q235,

(2)焊件尺寸:$L \times B \times \delta = 300 \text{ mm} \times 125 \text{ mm} \times 12 \text{ mm}$,一件:$\alpha = 35° \pm 5°$,一件:$\beta = 10° + 5°$。

(3)衬垫:直线形陶质软衬垫。

(4)工量具:尖头钢丝钳、钢丝刷、锤子、焊缝测量器、角向磨光机等。

2.焊件装配

(1)接头形式:V 型坡口对接横焊。

(2)认真清理和打磨焊件的待焊区域,直至露出金属光泽。

(3)装配要求:两板水平放置,坡口面相对、长度对齐、平行放置;装配间隙 3 ~ 6 mm,无错边、钝边。

(4)定位焊要求:焊缝两端加装引弧引出板并点固焊固定,或者在焊件主焊缝反面两端装配凹形马板固定焊件。

(5)焊件固定:焊缝与水平面平行,焊件最低端距地 500 ~ 600 mm 高度夹具固定。上板的坡口角度是 $\alpha = 35° \pm 5°$,下板的坡口角度是 $\beta = 10° \pm 5°$。

(6)衬贴陶质衬垫:衬垫上的红线对准坡口间隙的上半部,背面铝箔粘纸粘贴紧。

3.焊接规范选用

焊丝:$\phi 1.2$ 药芯焊丝,焊丝伸出长度 $L = 10 ~ 15 \text{ mm}$,气体流量 $Q = 12 ~ 15 \text{ L/min}$,成形层焊接电流:$I = 180 ~ 200 \text{ A}$,电弧电压:$U = 21 ~ 24 \text{ V}$。

4.焊接运行方式:直线形、月牙形、斜圆形。

5.焊枪角度同横对接焊。

6.焊接技术操作

（1）成形层焊接

焊接时,焊丝端头对准焊接熔池的前半部,利于反面成型质量。

①采用直线形,适合间隙较小的焊缝,焊丝端部对准坡口间隙的上半部,并注意熔池两边的熔化情况,在熔池两边的坡口根部形成约 2 mm 的小孔。

②采用月牙形,适合间隙较大的焊缝,摆动时焊丝端部摆动至上坡口面时应稍做停留,并注意熔池两边的熔化情况,在熔池两边的坡口根部形成约 2 mm 的小孔。

（2）其余各层焊接可参照 V 型坡口对接横焊技术。

项目练习十一　骑座式管－板垂直固定平焊

一、练习图样

骑座式管－板垂直固定平焊图样如图 7－35 所示。

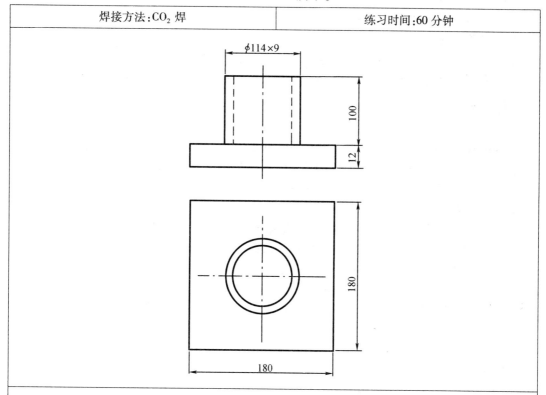

焊接方法:CO₂ 焊	练习时间:60 分钟

技术要求:

1. 焊件规格:钢板 Q235,12 mm × 150 mm × 150 mm,一块;钢管 Q245R, ∅ 114 mm × 9 mm × 100 mm,一段

2. 焊接采用一顺方向进行。

3. 焊件焊接区域清理打磨干净。

4. 装配定位点固焊≤2 处,长度 L≤10 mm。

5. 焊接时,试管最低处离地 100 ~ 300 mm 高度固定。

6. 焊接完成后,焊缝表面不得修补和磨削。

图 7－35　练习图样

二、练习要求

1. 掌握供气系统、送丝系统和控制系统的操作方法。

2. 掌握正确的焊接操作手势。

3. 掌握准确选用焊接规范的方法。

4. 掌握骑座式管－板垂直固定平焊的焊枪角度放置和焊丝伸出长度控制。

5. 保证焊缝成型良好,焊缝无未熔合、未焊透、咬边、夹渣、气孔、焊穿等缺陷。

6. 熟悉骑座式管－板垂直固定平焊的技术要领。

三、练习目的

1. 熟悉 CO₂ 焊弧焊电源及其附属设备的调节、使用方法。

2. 学会骑座式管－板垂直固定平焊的引弧方法以及焊接的运弧、接头、熄弧等操作技术。

3. 掌握骑座式管－板垂直固定平焊焊缝尺寸控制的操作技巧和方法。

4. 了解骑座式管－板垂直固定平焊焊接缺陷控制方法。

四、安全文明生产

1. 认真执行安全技术操作规程。

2. 正确穿戴劳防保护用品。

3. 遵守文明生产规定,做到焊接场地整洁,工件、工具摆放整齐。

4. 焊接结束及时关闭电源和气源,打扫卫生,清理检查焊接现场有无安全隐患。

五、练习内容

1. 材料工具

(1)材料规格:钢板 Q235,12 × 150 × 150,一块

钢管 Q245R,ϕ 114 × 9 × 100,一段

(2)工量具:钢丝钳、钢丝刷、锤子、焊缝测量器、角向磨光机等。

2. 焊件装配

(1)接头形式:骑座式管－板垂直固定角接平焊。

(2)装配技术:装配要求:钢管垂直放置于试板中央,无角变形。

(3)定位焊要求:装配定位焊≤2 处,长度 $L ≤ 10$ mm。

按管子周长三等分,取其中两处定位焊。

(4)焊件垂直固定:装配完工后,焊缝处离地 100 mm ~ 300 mm 高度固定。

3. 焊角要求:$K = 6 ~ 8$ mm。

4. 焊接规范参数

焊丝:ϕ 1.2 药芯焊丝。

焊接电流:$I = 180 ~ 200$ A,电弧电压:$U = 21 ~ 24$ V。

焊丝伸出长度 $L = 10 ~ 15$ mm,气体流量 $Q = 12 ~ 15$ L/min

5. 焊枪角度

焊枪与面板的夹角为 45° ~ 50°。

焊枪向焊接方向倾斜与焊缝夹角 80° ~ 90°。

6. 焊接运行方式:直线形、直线往返形、斜圆形。

7. 焊接操作技术

(1)焊缝起头

焊丝端头在焊道内无定位焊处引燃电弧,引弧后短时预热,待形成规则熔池后,均匀地

沿焊接方向移动;起焊处5~10 mm长度内焊角尺寸略小一些(可控制在3~4 mm),便于收尾时覆盖于起焊处的焊缝上。

（2）焊缝接头

头尾相接:焊丝端头在弧坑前5~10 mm长度内的焊缝中心线上引燃电弧,并快速移至弧坑的2/3或3/4处,然后做弧形摆动,待形成规则熔池后,均匀地沿焊接方向移动。

尾头相接:当焊至焊道起焊处时,焊速稍加快,采用小斜圆圈形运形法焊接,与起焊处焊缝重叠约10 mm,并回焊约5 mm略停顿,熄弧。

项目练习十二　骑座式管－板垂直固定仰焊

一、练习图样

骑座式管－板垂直固定仰焊图样如图7－36所示。

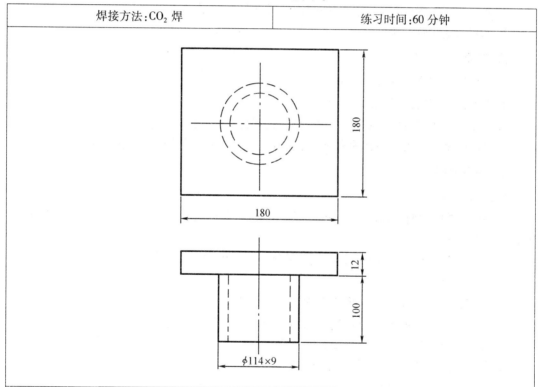

焊接方法:CO₂焊	练习时间:60分钟

技术要求:

1. 焊件规格:钢板 Q235,12 mm×150 mm×150 mm,一块;钢管 Q245R, ϕ 114 mm×9 mm×100 mm,一段

2. 焊接采用一顺方向进行。

3. 焊件焊接区域清理打磨干净。

4. 装配定位点固焊≤2处,长度 L≤10 mm。

5. 焊接时,试管最低处离地800~1000 mm高度固定。

6. 焊接完成后,焊缝表面不得修补和磨削。

图 7－36

二、练习要求

1. 掌握供气系统、送丝系统和控制系统的操作方法。

2. 掌握正确的焊接操作手势。

3. 掌握准确选用焊接规范的方法。

4. 掌握骑座式管－板垂直固定仰焊的焊枪角度放置和焊丝伸出长度控制。

5. 保证焊缝成型良好,焊缝无未熔合、未焊透、咬边、夹渣、气孔、焊穿等缺陷。

6. 熟悉骑座式管－板垂直固定仰焊的技术要领。

三、练习目的

1. 熟悉 CO_2 焊弧焊电源及其附属设备的调节、使用方法。

2. 学会骑座式管－板水平固定全位置焊的引弧方法以及焊接的运弧、接头、熄弧等操作技术。

3. 掌握骑座式管－板垂直固定仰焊焊缝尺寸控制的操作技巧。

4. 了解骑座式管－板垂直固定仰焊的焊接缺陷控制方法。

四、安全文明生产

1. 认真执行安全技术操作规程。

2. 正确穿戴劳防保护用品。

3. 遵守文明生产规定,做到焊接场地整洁,工件、工具摆放整齐。

4. 焊接结束及时关闭电源和气源,打扫卫生,清理检查焊接现场有无安全隐患。

五、练习内容

1. 材料工具

(1)材料规格:钢板 Q235,12 mm × 150 mm × 150 mm,一块;钢管 Q245R, ϕ 114 mm × 9 mm × 100 mm,一段。

(2)工量具:钢丝钳、钢丝刷、锤子、焊缝测量器、角向磨光机等。

2. 焊件装配

(1)接头形式:骑座式管－板垂直固定角接仰焊。

(2)装配技术:装配要求:钢管垂直放置于试板中央,无角变形。

(3)定位焊要求:装配定位焊≤2 处,长度 $L \leqslant 10$ mm。

按管子周长三等分,取其中二处定位焊。

(4)焊件垂直固定:装配完工后,焊缝处离地 800 ~ 1 000 mm 高度固定。

3. 焊角要求: $K = 6 \sim 8$ mm。

4. 焊接规范参数

焊丝: ϕ 1.2 药芯焊丝。

焊接电流: $I = 160 \sim 180$ A,电弧电压: $U = 18 \sim 21$ V。

焊丝伸出长度 $L = 10 \sim 15$ mm,气体流量 $Q = 12 \sim 15$ L/min。

5. 焊枪角度:

焊枪与面板的夹角为45° ~ 50°。

焊枪向焊接方向倾斜与焊缝夹角80° ~ 90°。

6. 焊接运行方式:直线形、直线往返形、斜圆形。

7. 焊接操作技术:

(1)焊缝起头

焊丝端头在焊道内无定位焊处引燃电弧,引弧后短时预热,待形成规则熔池后,均匀地沿焊接方向移动。起焊处 5~10 mm 长度内焊角尺寸略小一些(可控制在 3~4 mm),便于收尾时重叠于起焊处的焊缝上。

(2)焊缝接头

头尾相接:焊丝端头在弧坑前 5~10 mm 长度内的焊缝中心线上引燃电弧,并快速移至弧坑的 2/3 或 3/4 处,然后做弧形摆动,待形成规则熔池后,均匀地沿焊接方向移动。

尾头相接:当焊至焊道起焊处时,焊速稍加快,采用小斜圆圈形运形法焊接,与起焊处焊缝重叠约 10 mm,并回焊约 5 mm 略停顿,熄弧。

项目练习十三　骑座式管 - 板水平固定焊

一、练习图样

骑座式管 - 板水平固定焊图样如图 7 - 37 所示。

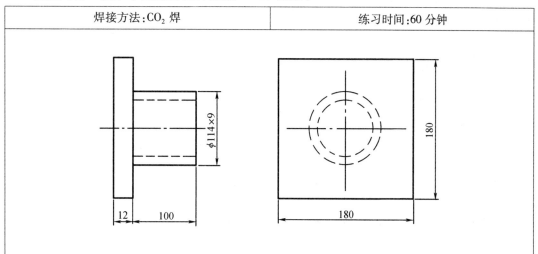

焊接方法:CO₂ 焊	练习时间:60 分钟

技术要求:

1. 焊件规格:钢板 Q235,12 mm×150 mm×150 mm,一块;钢管 Q245R,ϕ 114 mm×9 mm×100 mm,一段
2. 焊接采用一顺方向进行。
3. 焊件焊接区域清理打磨干净。
4. 装配定位点固焊≤2 处,长度 L≤10 mm。
5. 焊接时,试管最低处离地 100~300 mm 高度固定。
6. 焊接完成后,焊缝表面不得修补和磨削。

图 7 - 37　练习图样

二、练习要求

1. 掌握供气系统、送丝系统和控制系统的操作方法。

2. 掌握正确的焊接操作手势。

3. 掌握准确选用焊接规范的方法。

4. 掌握骑座式管－板水平固定全位置焊的焊枪角度放置和焊丝伸出长度控制。

5. 保证焊缝成型良好,焊缝无未熔合、未焊透、咬边、夹渣、气孔、焊穿等缺陷。

6. 熟悉骑座式管－板水平固定全位置焊的技术要领。

三、练习目的

1. 熟悉 CO₂ 焊弧焊电源及其附属设备的调节、使用方法。

2. 学会骑座式管－板水平固定全位置焊的引弧方法以及焊接的运弧、接头、熄弧等操作技术。

3. 掌握骑座式管－板水平固定全位置焊焊缝尺寸控制的操作技巧和方法。

4. 了解骑座式管－板水平固定全位置焊的焊接操作技术及方法。

四、安全文明生产

1. 认真执行安全技术操作规程。

2. 正确穿戴劳防保护用品。

3. 遵守文明生产规定,做到焊接场地整洁,工件、工具摆放整齐。

4. 焊接结束及时关闭电源和气源,打扫卫生,清理检查焊接现场有无安全隐患。

五、练习内容

1. 材料工具

(1)材料规格:钢板 Q235,12 mm×150 mm×150 mm,一块

钢管 Q245R,ϕ 114 mm×9 mm×100 mm,一段。

(2)工量具:钢丝钳、钢丝刷、锤子、焊缝测量器、角向磨光机等。

2. 焊件装配

(1)接头形式:骑座式管－板水平固定角接平、立、仰焊。

(2)装配技术:装配要求:钢管垂直放置于试板中央,无角变形。

(3)定位焊要求:装配定位焊 ≤ 2 处,长度 L ≤ 10 mm。

可选择时钟 2 点、10 点位置,仰位不得定位焊。

(4)焊件水平固定:装配完工后,焊缝最低处离地 800 ~ 1 000 mm 高度固定。

3. 焊角要求:K = 6 ~ 8 mm。

4. 焊接规范参数

焊丝:ϕ 1.2 药芯焊丝。

焊接电流:I = 150 ~ 180 A,电弧电压:U = 17 ~ 22 V。

焊丝伸出长度 L = 10 ~ 15 mm,气体流量 Q = 10 ~ 15 L/min。

5. 焊枪角度

焊枪角度与两试板间的夹角互为 45°。

焊枪角度与焊缝呈 80° ~ 100° 角度。

6. 焊接运行方式

仰、立位可采用月牙形、锯齿形、梯形等。立、平位可采用梯形、斜圆形等。

7. 焊接操作技术

(1)采用两半圈自下向上焊接。

（2）焊缝起头：焊丝端头在仰位位置（时钟位置）在7点或5点处引燃电弧，引弧后按焊角尺寸要求做横向摆动，待形成规则熔池后，正常焊接。

（3）焊缝接头：无论头头相接、头尾相接还是尾尾相接，需要接头的部位必须清理干净。

头尾相接：焊丝弧坑前面5～10 mm的焊缝上引燃电弧，并迅速移至弧坑3/4处，略做停顿或摆动，待形成规则熔池后，正常焊接。

头头相接：在前道起头焊缝前面5～10 mm的焊缝上引燃电弧，并快速移至前道起头焊缝处做横向摆动，与其紧密相接后，正常焊接。

尾尾相接：焊接至前道焊缝收尾处应覆盖前道焊缝熔池约10 mm，并做回焊，同时做一个圆圈收弧。

项目练习十四　管－管 V 型坡口垂直固定对接焊

一、练习图样

管－管 V 型坡口垂直固定对接焊图样如图7－38所示。

焊接方法：CO_2 焊	练习时间：60 分钟

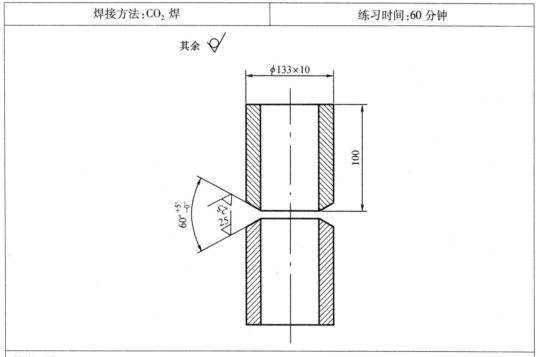

技术要求：

1. 试管规格：$\phi 133 \times 10 \times 150$ 二件，坡口角度 $\alpha =60° \sim 65°$。

2. 单面焊双面成型。焊缝打底、盖面焊接一顺方向进行。

3. 管件坡口打磨清理干净，坡口面对齐，同心无错边。

4. 装配定位点焊≤2 处，长度 L≤10 mm。要求定位点固焊必须是正式焊缝。

5. 焊接时，试管最低处离地 500～600 mm 高度固定。

6. 打底层、过渡层允许手工修补，焊接完成后，焊缝表面不得修补和磨削。

图 7－38　练习图样

二、练习要求

1. 掌握供气系统、送丝系统和控制系统的操作方法。

2. 掌握正确的焊接操作手势。

3. 掌握准确选用焊接规范的方法。

4. 掌握 V 型坡口管子对接横焊的焊枪角度放置和焊丝伸出长度控制。

5. 保证焊缝成型良好,焊缝无未熔合、未焊透、咬边、夹渣、气孔、焊穿等缺陷。

6. 熟悉 V 型坡口管子对接横焊左焊法和右焊法的技术要领。

三、练习目的

1. 熟悉 CO_2 焊弧焊电源及其附属设备的调节、使用方法。

2. 学会 CO_2 焊 V 型坡口管子对接横焊的引弧方法以及焊接的运弧、接头、熄弧等操作技术。

3. 掌握 CO_2 焊 V 型坡口管子对接横焊焊缝尺寸控制的操作技巧和方法。

4. 了解 V 型坡口管子对接横焊左焊法和右焊法的焊接操作技术及方法。

四、安全文明生产

1. 认真执行安全技术操作规程。

2. 正确穿戴劳防保护用品。

3. 遵守文明生产规定,做到焊接场地整洁,工件、工具摆放整齐。

4. 焊接结束及时关闭电源和气源,打扫卫生,清理检查焊接现场有无安全隐患。

五、练习内容

1. 材料工具

(1)钢管 Q245R

(2)试管规格:ϕ 133 mm × 10 mm × 150 mm 二件,坡口角度 $\alpha = 60° \sim 65°$。

(3)工量具:钢丝钳、钢丝刷、锤子、焊缝测量器、角向磨光机等。

2. 焊件装配

(1)接头形式:V 型坡口管子对接横焊。

(2)装配技术:两管件坡口面相对放置于 60 mm × 60 mm × 300 mm 的角钢上,同心无错边;装配间隙可选择 $b = 2.0 \sim 2.5$ mm,预留钝边 $P = 0.5 \sim 1$ mm。

(3)定位焊要求:装配定位焊 ≤ 2 处,按管子周长三等分,取其中二处定位焊。定位后焊缝应清除头、尾的缺陷部分,并加工成锲形,保留长度 $L ≤ 10$ mm,成为正式焊缝。

(4)焊件垂直固定:装配完工后,焊件一端最低处离地 500 ~ 600 mm 高度固定。

3. 焊接规范选用

焊丝:ϕ 1.2 实芯焊丝。

焊接电流:$I = 100 \sim 120$ A,电弧电压 $U = 18 \sim 20$ V

焊丝伸出长度 $L = 10 \sim 15$ mm,气体流量 $Q = 10 \sim 15$ L/min。

4. 焊枪角度

(1)焊枪口与焊件面呈 90°。

(2)焊接时,焊枪口随圆周的曲度变化及时调整,保持与焊缝呈 80° ~ 100° 的角度。

5. 焊接摆动方式:直线形、斜锯齿形、斜圆形等。

6.焊接操作技术

(1)焊接方向采用一顺方向焊接,即每层每道都呈一个方向。

(2)焊缝起头:在留有的起头位置起弧,引弧后做上下小节距摆动,待根部熔透后,形成规则熔池,正常焊接。

(3)焊缝接头:无论头头相接、头尾相接还是尾尾相接,在接头部位必须清理干净,并将收尾处加工成锲形,有利于焊接接头时根部熔透。

(4)焊接时,不管是成形层、打底层还是盖面层,都应将焊层表面清理、修整干净,消除可能发生的缺陷隐患。

(5)焊接运行时,焊丝端头在上坡口面略做停留,后通过熔池前端迅速带向下坡口面,既保证焊缝根部熔透,又可防止熔化金属下淌,形成卷边。成型后背面高度控制在 $0 \sim 3$ mm。打底层、盖面层焊接方法可参照对接横焊技术。

(6)盖面层焊接结束后焊缝表面不得进行修补或打磨。

项目练习十五　管－管 V 型坡口水平固定对接焊

一、练习图样

管－管 V 型坡口水平固定对接焊图样如图 7－39 所示。

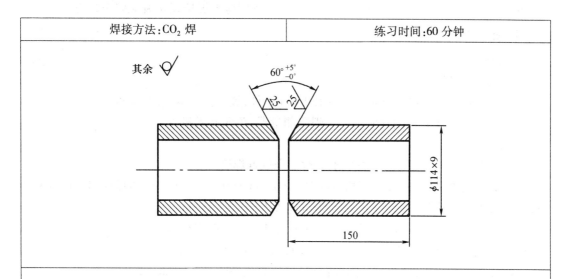

焊接方法:CO_2 焊	练习时间:60 分钟

技术要求:

1.试管规格:ϕ 114 mm × 9 mm × 150 mm 二件,坡口角度 $\alpha = 60° \sim 65°$。

2.单面焊双面成型,焊缝打底、盖面焊接采用两个半圈自下而上进行。

3.管件坡口打磨清理干净,坡口面对齐,同心无错边。

4.装配定位点固焊≤2 处,长度 L≤10 mm。要求定位点固焊必须是正式焊缝。

5.试管最低处离地 800 ~ 1000 mm 高度固定。

6.打底层、过渡层允许手工修补,焊接完成后,焊缝表面不得修补和磨削。

图 7－39　练习图样

二、练习要求

1. 掌握供气系统、送丝系统和控制系统的操作方法。

2. 掌握正确的焊接操作手势。

3. 掌握准确选用焊接规范的方法。

4. 掌握管－管 V 型坡口对接全位置焊的焊枪角度放置和焊丝伸出长度控制。

5. 保证焊缝成型良好，焊缝无未熔合、未焊透、咬边、夹渣、气孔、焊穿等缺陷。

6. 熟悉管－管 V 型坡口对接全位置焊接的技术要领。

三、练习目的

1. 熟悉 CO_2 焊弧焊电源及其附属设备的调节、使用方法。

2. 学会管－管 V 型坡口对接全位置焊的引弧方法以及焊接的运弧、接头、熄弧等操作技术。

3. 掌握管－管 V 型坡口对接全位置焊焊缝尺寸控制的操作技巧和方法。

4. 了解管－管 V 型坡口对接全位置焊两个半圈自下而上焊接操作技巧及方法。

四、安全文明生产

1. 认真执行安全技术操作规程。

2. 正确穿戴劳防保护用品。

3. 遵守文明生产规定，做到焊接场地整洁，工件、工具摆放整齐。

4. 焊接结束及时关闭电源和气源，打扫卫生，清理检查焊接现场有无安全隐患。

五、练习内容

1. 材料工具

（1）钢管 Q245R。

（2）试管规格：ϕ 114 mm × 9 mm × 150 mm 二件，坡口角度 α = 60°~65°。

（3）工量具：钢丝钳、钢丝刷、锤子、焊缝测量器、角向磨光机等。

2. 焊件装配

（1）接头形式：管－管 V 型坡口水平对接全位置焊缝。

（2）装配技术：两管件坡口面相对放置于 60 mm × 60 mm × 300 mm 的角钢上，同心无错边；装配间隙可选择 b = 2.0~2.5 mm，预留钝边 P = 0.5~1 mm。

（3）定位焊要求：装配定位焊≤2 处，按时钟 3 点、11 点定位焊。定位后焊缝应清除头、尾的缺陷部分，并加工成锲形，保留长度 L≤10 mm，成为正式焊缝。

（4）焊件水平固定：装配完工后，焊缝最低处离地 800~1 000 mm 高度固定。

3. 焊丝及焊接规范选用

焊丝：ϕ 1.2 实芯焊丝。

焊接电流：I = 100~120 A，电弧电压 U = 18~20 V。

焊丝伸出长度 L = 10~15 mm，气体流量 Q = 10~15 L/min。

4. 焊枪角度

（1）焊枪口与焊缝面呈 90°。

（2）焊接时，焊枪口随圆周的曲度变化及时调整，保持与焊缝呈 80°~100°的角度。

5. 焊接摆动方式：月牙形、三角形、梯形、斜圆形等。

6. 焊接技术操作

（1）采用两个半圈自下而上焊接操作。

（2）焊缝起头：在 7 点位置起弧，引弧后做小节距横向摆动，待根部熔透后，形成规则熔池，正常焊接。

（3）焊缝接头：无论头头相接、头尾相接还是尾尾相接，在接头部位必须清理干净，并将收尾处加工成锲形，接头引弧在前道收弧弧坑后端 3~5 mm 处引燃电弧，并快速摆动至接头端部稍做停留，待弧坑填满、根部熔透后正常焊接。

（4）焊接时，不管是打底层还是填充层，都应将焊层表面清理、修整干净，消除可能发生的缺陷隐患。

（5）打底层焊接运行时，在仰、立位置可采用月牙形、三角形、梯形等方式；在平位可采用斜圆形、两边前行等方式。成型后背面高度控制在 0~3 mm。填充层、盖面层焊接方法可参照对接立焊技术。

（6）盖面层焊接结束后焊缝表面不得进行修补或打磨。

参 考 文 献

[1] 吴润辉,王永兴,张波.船舶焊接工艺[M].哈尔滨:哈尔滨工程大学出版社,1996.

[2] 《技工学校机械类通用教材》编审委员会.焊接工艺学[M].3 版.北京:机械工业出版社,2013.

[3] 邱葭菲.焊工工艺学[M].3 版.北京:中国劳动社会保障出版社,2005.

[4] 王长忠.电焊工技能训练[M].2 版.北京:中国劳动社会保障出版社,2009.

[5] 朱玉义.焊工实用手册(修订版)[M].南京:江苏科学技术出版社,2004.

[6] 忻鼎乾.电焊工(中级)[M].北京:中国劳动社会保障出版社,2004.

[7] 上海市中等职业教育课程教材改革办公室.上海市中等职业学校焊接专业教学标准[M].上海:华东师范大学出版社,2013.